Photoshop
人像精修秘笈

闫长浩◎主编

清华大学出版社
北京

内容简介

本书以实用为宗旨，深入浅出地讲解使用 Photoshop 处理人像数码照片的各项技术及实战技能。本书精选了作者近年来亲手拍摄的几十幅人像照片，利用 Photoshop 最常用的操作技术，经过精细的后期处理，制作成精美的人像摄影作品，并详细讲解操作思路、操作技法和操作过程。另外，本书还赠送案例源文件、视频教程、PPT 课件、8000 种 PS 笔刷库、1000 种修图动作库、3000 种常用形象素材库、3000 种精美 PS 样式库，以及海量 PS 调色动作库和渐变库。

本书适合广大人像摄影后期爱好者作为教程使用，也适合有一定经验、想进一步提高人像照片处理水平的相关行业从业人员使用，还可作为各类计算机培训学校、大中专院校的教学辅导用书。

图书在版编目（CIP）数据

Photoshop人像精修秘笈 / 闫长浩主编 . —北京：清华大学出版社，2022.4
ISBN 978-7-302-60134-0

Ⅰ. ①P⋯　Ⅱ. ①闫⋯　Ⅲ. ①图像处理软件　Ⅳ. TP391.413

中国版本图书馆CIP数据核字（2022）第025891号

责任编辑：张　敏
封面设计：郭二鹏
责任校对：徐俊伟
责任印制：杨　艳

出版发行：清华大学出版社
　　　　　网　　　　址：http://www.tup.com.cn，http://www.wqbook.com
　　　　　地　　　　址：北京清华大学学研大厦A座　　　邮　　编：100084
　　　　　社　总　机：010-83470000　　　　　　　　　邮　　购：010-62786544
　　　　　投稿与读者服务：010-62776969，c-service@tup.tsinghua.edu.cn
　　　　　质　量　反　馈：010-62772015，zhiliang@tup.tsinghua.edu.cn
　　　　　课　件　下　载：http://www.tup.com.cn，010-83470236
印　装　者：北京博海升彩色印刷有限公司
经　　　销：全国新华书店
开　　本：185mm×260mm　　　印　　张：15　　　字　　数：480千字
版　　次：2022年6月第1版　　　印　　次：2022年6月第1次印刷
定　　价：99.00元

产品编号：094782-01

前言
PREFACE

软件介绍

Adobe 公司推出的 Photoshop 软件是当前功能较强大、使用较广泛的图形图像处理软件。Photoshop 以其领先的数字艺术理念、可扩展的开发性及强大的兼容能力，广泛应用于计算机美术设计、数码摄影、出版印刷等诸多领域。Photoshop 通过更直观的用户体验、更大的编辑自由度及更高的工作效率，使用户能更轻松地运用其无与伦比的强大功能。

内容导读

本书由西安培华学院闫长浩老师精心编著，从专业的角度讲述了利用 Photoshop 处理人像照片的各项重要功能及技术要领。全书以 Photoshop 的相关基础知识、Photoshop 的工具和 Photoshop 的菜单为讲解主线，带领读者进入全新的图像处理世界。由于本书讲解方式新颖，图文并茂地将各个知识点进行剖析，使得本书更加适合读者学习和使用。

赠送资源

本书超值赠送案例源文件、视频教程、PPT 课件、8000 种 PS 笔刷库、1000 种修图动作库、3000 种常用形象素材库、3000 种精美 PS 样式库，以及海量 PS 调色动作库和渐变库，读者可扫描下方二维码获取相关资源和 PPT 课件。

读者对象

本书面向广大利用 Photoshop 处理照片的初、中级用户，特别是对于人像摄影爱好者，书中包含了大量的人像照片常见问题的处理技能和方法。本书将是读者掌握 Photoshop 这个强大的图像处理软件的最佳选择，书中包含了所有 Photoshop 初学者必须掌握的知识和技能信息，不仅能够使读者更轻松地理解和熟悉 Photoshop 软件的各种功能，还可以不断提升自身对设计的领悟和创新能力。

案例源文件　　　　视频教程　　　　PPT 课件　　　　其他资源

编　者

目录
CONTENTS

人像摄影照片常见问题

第 **1** 章

1.1 拍摄人像照片的基本构图方法

要学好人像摄影，初学者可以先从构图方面快速入门。相对于其他摄影技法而言，构图是比较容易掌握的。人像构图主要取决于两方面：一是被摄主体自身的表现力；二是摄影者具有一定的创意和想法，并能够通过手中的相机把被摄主体完美地表现出来。人像构图归纳起来主要有 4 种表现方式。

方法 01 虚实结合

想突出人物主体，可以考虑利用虚化背景的方法来突出人物，这种虚化背景的方法还可以排除杂乱的背景对人物主体的干扰。利用中长焦镜头不仅能够更真实地表现人物，还可以实现完美的虚化效果。但是，摄影者在使用长焦镜头时，首先要明确自己的创作目的。如果环境对于人物没有多大的利用价值，可以对其进行较深度的虚化；如果需要交代一定的环境因素，但同时又不希望其影响到人物主体，那么可以进行适度虚化，达到两者的统一即可。例如下面的照片，都对画面的背景进行了虚化作用，但是因环境的不同所虚化的程度也不同，如图 1.1 所示。

图 1.1

方法 02 横竖构图

在对人像进行摄影时，摄影者首先需要考虑采用何种构图方式对人像进行拍摄，如果仅仅考虑使画面适合被摄主体的需要，则可以按被摄主体的具体形态来确定构图形式。一般情况下，采用横构图拍摄躺着、坐着的人物；采用竖构图拍摄站立着的人物等。例如对躺着、坐着的人像采用横构图，对站立的人像采用竖构图的方式，这样的构图会使画面饱满。如果要使画面更有创意，则可根据表现意图的需要，使用其他形式的构图方式。如图 1.2 所示的这张照片，采用的是斜线构图方式，使画面具有独特感觉。

图 1.2

方法 03 留白构图

在摄影构图中，主体与空白部分是互为依存的，画面的空白部分并不都是指照片中的白色部分，而是指除了主体以外的部分。因此，构图上的空白并不一定是白色的。如图 1.3 所示的这张照片，画面中的景物就为空白部分，这样的空白可以衬托和说明主体，同时还可以对主体的形象进行补充和强化。

图 1.3

方法 04 人像构图公式

特写：通常在构图时以构图框的上边距离人像头部顶端约 20 cm，构图框的下边则与人像胸部位置上下约 10 cm 切齐。如图 1.4 中右边的这种照片，就是以此构图法拍摄出来的照片，为漂亮而通俗的人像特写照片。

半身：构图框的上边距离人像头部顶端约 20 cm，构图框的下边则与人像腰部（可以肚脐眼为中心）位置上下约 10 cm 切齐。如图 1.4 左上方的照片就是以此构图法拍摄出来的，漂亮而富有公式化。

七分像：构图框上边距离人像头部顶端约 20 cm，构图框下边则与人像膝盖部位上下约 10 cm 切齐。

如图 1.4 左下方中间的照片就是以此构图法拍摄下来的，漂亮而饱满。

全身：以构图框上边距离人像头部顶端约 20 cm，构图框下边则是在人像的脚步以下约 20 cm 切齐。这样的构图方法是常见的婚纱摄影的全身构图，尤其受顾客的喜爱。如图 1.4 左下方所示的照片就是以此构图法拍摄出来的照片，漂亮而略带一点背景的人像全身照，如图 1.4 所示。

▲半身

▲全身

▲七分像　　　　　▲特写

图 1.4

1.2　拍摄人像照片时光线的选择

人像摄影的用光既是一项基本功，又是体现摄影师水平高低的重要内容。与调整人物的姿势、安排道具和选择背景相比，用光在人像摄影最终完成的影像上起决定性作用。因为摄影本来就是在用光绘图。因此，摄影师们聚在一起，除了谈镜头和相机，话题往往是使用何种灯具和如何用光。下面通过讲解光线的不同方向，介绍人像在各种光线下的拍摄效果。希望读者能够从中体会到摄影用光的基本概念，从容地选择各种光线进行创作。

类型 01 顺光

顺光拍摄可以使被摄人物没有一点阴影。被摄人物的所有部分都直接沐浴在光线中，画面的影调比较明朗，被摄人物的立体感不是通过表明光线的明暗反差来形成的，因此在表现人物的立体感方面较弱。如图 1.5 所示的这种照片，人像全身沐浴在阳光之中，立体感觉较弱。

类型 02 顶光

顶光是指光线位于被摄者的正上方。一般情况下，不建议使用顶光作主光源进行人像拍摄，因为顶光的直射会造成被摄者在眼睛、眼窝、脸颊、鼻子及下巴下缘处有强烈的阴影。而且被摄者的头顶、额头和鼻子会出现反光过亮的情况。为了能在顶光的状态下正常拍摄，最简便的方法是使用反光板对处于阴影处的模特打光，如图 1.6 所示。

类型 03 逆光

逆光是指光线来自被摄对象的后方，用以强调被摄对象的轮廓。逆光在人像摄影中有着特别的作用，不仅可以勾画人物的轮廓，而且能表现强烈的个性。如图 1.7 所示的这张照片，就是在逆光的角度下拍摄而成的，人物的轮廓分明。

图 1.5 　　　　　　　　　图 1.6 　　　　　　　　　图 1.7

逆光拍摄时，由于光线直接照射到相机内，相机的测光系统容易出现误判，可能会导致被摄人物脸部变黑。如图 1.8 所示的这张照片，人像脸部变黑，不过可以使用 Photoshop 软件对照片进行修饰。

▲修饰前 　　　　　▲修饰后

图 1.8

1.3 抓拍人像自然表情摄影的技巧

抓拍有个特点就是要自然，不干涉拍摄的对象。那些最自然、最有生活气息的才是最有价值的。抓拍不是摆拍，摆拍要求被摄者按照摄影师的设想和意图，为了拍摄片而组成某种画面，做出某种动作、神情，布好光，摆好姿势慢慢拍。而抓拍不是拍摄者所能事先想到的，只要背着相机出了门，看到什么拍什么。深入生活是抓拍的灵魂和真谛。下面介绍几种抓拍的小技巧。

技巧 01 把相机整天带在身上

相机一定要整天随身携带，不要抱有侥幸心理，认为应该没什么好拍的事物，结果哪天没带，偏偏有突发情况，就会错过图 1.9 所示的这些照片都是随时随地拍摄的。

技巧 02 速度为先

将相机置于快门优先档，尽量提高感光度，让感光度处于质量和速度配合最好的程度，抓住任何时机，不让好的照片被错过，如图 1.10 所示。

技巧 03 连拍还是单张拍摄

以前人们用的都是老式胶卷相机，使用连拍模式会感觉很不舍得，现在都在使用数码相机，就不怕拍不出好看的照片了。使用连拍模式，一按快门就是三四张照片，只要其中一张抓住了最好的"瞬间"就足够。使用连拍模式，不论在什么情况下，至少保证了有一张照片是很清晰的，这样就不怕手会有轻微的抖动。图 1.11 所示的这些照片就是使用连拍模式拍出的。不过，也有人认为连拍模式是不可取的一种拍摄方式，认为抓拍的精髓是在恰当的时候按下快门，捕捉到决定性瞬间，这种"霰弹王"的做法是没有技术含量的，其实连拍和单张拍摄各有各的好处，因人而异。

图 1.9   图 1.10

图 1.11

技巧 04 声东击西

若无其事，声东击西，利用可旋转镜头的数码相机，人对着别处却能拍到背后的东西。或者是，佯装拍别的东西，迅速转向实际需要拍摄的对象，咔嚓一声，就可以让画面定格在美好的瞬间。在任何场合、任何地点可以寻找美丽的瞬间，如图 1.12 所示。

图 1.12

技巧 05 选择合适的镜头

关于镜头的选取，长焦镜头和广角镜头都合适，各有各的感觉。长焦镜头可以便于拍摄者在远处抓拍，从而不打搅拍摄对象，如图 1.13 所示。

而使用广焦镜头，可以拍摄你看到的一切东西，让你尽情取舍。如图 1.14 这张照片，把主体背后的其他景物都摄入了画面当中，使画面内容丰富，气势宏大。

很多摄影史上鼎鼎大名的摄影大师，对于街拍都非常推崇。因为在街拍中，可以捕捉到普通人的日常瞬间，而这样的场景往往令人感动和印象深刻。如果读者也是一位摄影爱好者，不妨带上自己的相机，开始去街头捕捉那些令人感动的画面。

图 1.13 图 1.14

1.4 拍摄人像的基本构图方法

拍摄人像照片时的构图技巧对摄影作品的最终效果具有较大影响。人像摄影的细节处理非常关键，不仔细检查画面中环境的摄影师，拍出的照片中到处都是令人分心的东西。对于人像摄影来说，拥有完美的姿势和光线，却仅仅因为环境构图的失败而不能使用，是非常令人遗憾的事。

方法 01 让模特充满画面

有些摄影师在拍摄时，会觉得将镜头拉近人物，拍出来的照片不好看，事实并非如此，人像摄影是关于人的，所以不要害怕拉近焦距。注意，拉近焦距并不等于只拍人脸，只是让画面"紧凑"一些而已，如图 1.15 所示的这张照片，是人物坐在椅子上的近照。

再如图 1.16 所示的这张照片，镜头的焦距离人物的面部很近，拍出来的照片并不只是人物的面部特写，还有镜头由上到下的空间感，整个画面饱满而紧凑，也不会让读者感觉压抑、紧迫。

方法 02 保持眼睛在上方 1/3 处

这是人像照片最自然的空间布置方式。除非刻意营造紧张的气氛，否则尽量不要违背这一原则。还有一个例外是，当模特全身都位于照片的下 1/3 处时，如图 1.17 所示。

图 1.15 图 1.16 图 1.17

方法 03 利用构图将注意力引向模特

与其尽力消除环境，不如将其善加利用。门前、拱门、窗户、露台等都可以起到突出主体、强化视觉感受的作用。如图 1.18 所示的照片中的露台，可以将读者的视线引向人物。

方法 04 创造纹理

在摄影时，如果不能消除令人分神的背景，就要对其善加利用。可以让被摄体离背景远一些，并使用光圈优先模式将背景虚化，创造出艺术化的纹理。这样就不需要将那些多余的东西移出画面，还可以将模特从背景中凸显出来，如图 1.19 所示。

方法 05 利用线条

砖墙对婚纱摄影来说是完美的背景，但是它也会分散观众对主体的注意力。注意，任何延伸出画面及指向被摄体的"线条"都是非常有力的。如图 1.20 所示的这张照片，沙发上的线条为画面增加了趣味性。

图 1.18

图 1.19

图 1.20

方法 06 改变拍摄角度

有时消除令人分心的东西，所需要做的就是简单地改变相机的角度。为了获得最佳的视角，拍出最好的照片，努力改变相机和模特的角度，经常性地或左或右、或高或低地移动一点相机，就可以完全屏蔽令人分心的东西，如图 1.21 所示。

将镜头转换为仰视角度，使用广角镜头，让背景成为主角的衬托，所拍摄出来的照片也别有一番滋味。如图 1.22 所示的这张照片，就可以让读者充分了解仰视角度的魅力所在。

图 1.21

图 1.22

1.5　如何抓拍人像的温馨瞬间

好的摄影作品几乎都是靠抓拍的方法获取的。如今，改变以前固有的摆拍方式转而采用抓拍的影友也越来越多。但是抓拍也并不容易，被摄者一旦看见有镜头对准自己，就会想着去躲避镜头，这样就会失去原有的神态而导致拍摄失败。在进行抓拍时速度都很快，在匆忙拍摄的过程中出现曝光失误、焦点不实、振动、水平歪斜等，都会为拍摄带来遗憾。对于抓拍的影友来说，要想提高抓拍的成功率，需要注意以下几个方面。

方面 01 器材的选择与熟悉

拍摄时使用的相机与镜头，无论售价高低，都有其长处与短处，因此在使用时应扬长避短，尽可能地发挥它们的优势，如图 1.23 所示。

中长焦镜头的景深较小，可以虚化背景、突出主体，稍有不慎，也可能因焦点不实而拍虚，如图 1.24 所示。

镜头越长，抖动越厉害，对手持拍摄的要求也越高，如图 1.25 所示。

图 1.23   图 1.24   图 1.25

具有光圈或速度优先的相机在自动曝光拍摄时，可能产生曝光不准确，即环境亮度低于主体，使画面曝光过度；或者环境亮度高于主体，使画面曝光不足。当举机拍摄时再修正就来不及了，因此需要在拍摄前对主体与环境的亮度做出预估，有意增减曝光量，如图 1.26 所示。

图 1.26

使用变焦较大的镜头，实际光圈会随着镜头焦距的改变而改变。如果不了解这一情况，就可能因改变焦距而产生拍摄失误。正确的做法是在使用可变光圈变焦镜头时，要考虑实际光圈值的变化及由此而产生的影响，从而做出相应的修正。

方面 02 题材的选择

拍摄人像照时，摄影师通常会有因为场景宏大而不知该拍什么的感觉。此时切忌胡乱拍摄，否则只会什么都拍不好。正确的做法是对光线条件、拍摄角度等进行冷静分析、思考，做出判断，利用手头器材对题材加以取舍。当拥有多种镜头时，也不要忙着换镜头，结果顾此失彼，反而拍不到好的瞬间。

不同题材的人像作品要考虑不同的构图方式，如图 1.27 所示。

当相机配备的是广角镜头时，就着重拍大场面，如图 1.28 所示。

图 1.27

图 1.28

当相机配备的是标准镜头时，就不要考虑大场景，而应集中精力拍局部，如图 1.29 所示。

当相机配备的是中长焦镜头时，就要专注拍人物，如图 1.30 所示。

图 1.29　　　　　　　　　　　　　　　　　　图 1.30

1.6 什么样的照片需要后期处理

拍摄出来的照片，或多或少会存在一些令人不满意的地方，利用 Photoshop 软件可以对图像中不满意的地方进行修改和复原，使照片变得完美，不再有缺憾。本节列举了一些典型的常见问题，可以看到，原片与经过后期处理后的图片产生了很大差距。

情况 01 照片中的人物存在红眼现象，通过红眼工具可以消除该现象，如图 1.31 所示。

图 1.31

情况 02 树荫下曝光不足，可以通过色阶工具进行调整，如图 1.32 所示。

图 1.32

情况 03 照片出现曝光过度的问题，使用 RAW 格式可以解决这个问题，如图 1.33 所示。

图 1.33

情况 04 照片对比度较低，画面灰蒙蒙的，可执行"图像 > 调整 > 色相/饱和度"命令或通过调整工具进行调整。如果照片存在严重偏色的问题，可执行"图像 > 调整 > 色彩平衡"等命令进行调整，如图 1.34 所示。

图 1.34

情况 05　人物面部存在皱纹等瑕疵，运用划痕工具和图层蒙版进行磨皮，如图 1.35 所示。

图 1.35

情况 06　在照片左边，摄影助理也进入照片，可用修补工具和剪切工具进行处理，如图 1.36 所示。

图 1.36

情况 07　逆光拍摄时，如果简单地调高照片的整体色调，虽然面部曝光正常了，但背景往往会过曝。在后期可以进行面部局部补光，如图 1.37 所示。

图 1.37

情况 08 原片没有什么意境，想制作出高调的黑白照片，可以使用 Photoshop 的黑白照片功能，并进行适当裁片，如图 1.38 所示。

图 1.38

情况 09 Photoshop 可以给数码照片制作各种有感觉的色调，使照片熠熠生辉。使用调色工具和色温工具可以对照片进行调整，如图 1.39 所示。

图 1.39

Photoshop 数码照片
处理基础

第 **2** 章

2.1 Photoshop 2021 软件界面

Photoshop 软件目前的最新版本是 2021，从 CC 版本到现在，其界面的主要功能基本相同。Photoshop 的工作界面主要由工具箱、菜单栏、面板等组成，如图 2.1 所示。熟练掌握各个组成部分的基本名称和功能，有利于轻松自如地对图形图像进行操作。

图 2.1

❶菜单栏：包含 Photoshop 中的所有命令。

❷选项栏：可设置所选工具的选项。所选工具不同，提供的选项也有所区别。

❸工具箱：工具箱中包含用于创建和编辑图像、图稿、页面元素的工具。默认情况下，工具箱停放在窗口左侧。

❹图像窗口：这是显示图像的窗口。在标题栏中显示文件名称、文件格式、缩放比例及颜色模式等。

❺状态栏：位于图像窗口下端，显示当前图像文件的大小及各种信息说明。单击右侧的三角形按钮，在打开的列表框中可以自定义文档的显示信息。

❻面板：为了更方便地使用 Photoshop 的各项功能，Photoshop 将大量功能以面板的形式呈现。在 Photoshop 中，可以为界面设置不同的颜色，使界面的外观表现出不同的风格，如图 2.2 所示。

图 2.2

2.2　Photoshop 的工具箱

　　启动 Photoshop 后，工具箱会默认显示在屏幕左侧。工具箱中列出了 Photoshop 中的常用工具，通过这些工具，可以输入文字，选择、绘制、编辑、移动、注释和查看图像，或对图像进行取样，还可以更改前景色和背景色，以及在不同的模式下工作。也可以展开右下角带有小三角形的工具，以查看它们后面的隐藏工具。将鼠标指针放在工具图标上，将显示工具名称和快捷键的提示，如图 2.3 所示。

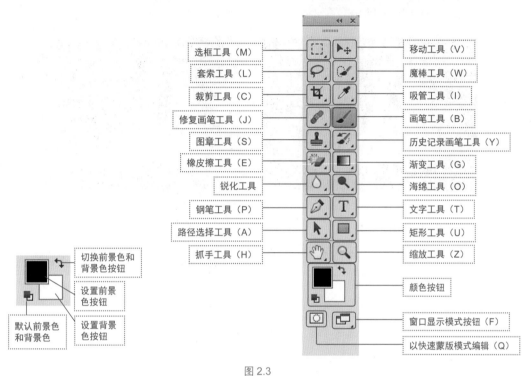

图 2.3

　　单击工具箱中的某个工具图标即可选择该工具，右下角带有三角形的工具图标表明该工具下含有隐藏工具，在这样的工具图标上按住鼠标左键即可显示隐藏的工具，然后移动鼠标指针即可选择相应的工具，如图 2.4 所示。

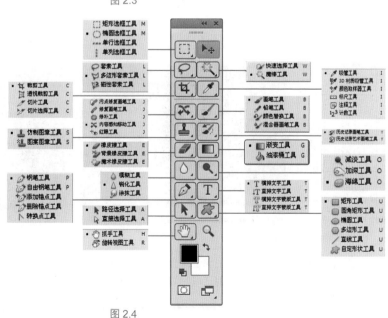

图 2.4

2.3 裁剪工具的使用

在 Photoshop 中对图像进行编辑时，有时会觉得图像的尺寸比例不合适，或是出现歪斜等情况，此时，可以利用裁剪工具删除图像中不需要的部分，以便进行其他操作。

打开一个图像文件，在工具箱中选择裁剪工具 ，此时会在图像的边缘出现一个定界框，如图 2.5 所示，利用裁剪工具在页面中进行拖曳，重新制定一个裁剪区域，灰色区域为要删除的区域，如图 2.6 所示，然后按【Enter】键确认操作，即可将不需要的图像删除。

图 2.5

图 2.6

图 2.7 所示为裁剪工具的选项栏。

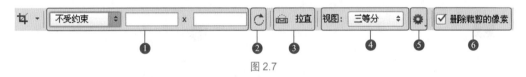

图 2.7

❶设置裁剪框的方式：裁切图像之前，单击 按钮，在打开的下拉列表中，可以选择相关的裁剪方式，如图 2.8 所示。

ⓐ自定：选择该选项，可以直接在右侧的数值框中输入保留图像的宽高比，然后在图像中拖动鼠标，即可改变裁剪区域的大小与位置，如图 2.9 所示。

ⓑ不受约束：选择该选项，可以在图像中任意拖动鼠标，对裁剪区域进行设置，如图 2.10 所示。

图 2.8

图 2.9

图 2.10

ⓒ原始比例：选择该选项，图像边缘会出现裁剪框，如图 2.11 所示，拖动四周的控制点，会按照原始图像的长宽比例改变图像的裁剪区域，如图 2.12 所示。

●裁剪区域的宽高比：选择该选项组中的任意一项，将按照该比例在图像中设置裁剪区域的比例与大小，如图 2.13 所示。

图 2.11

图 2.12

图 2.13

●存储预设/删除预设：自定义了裁剪区域的比例后，选择"存储预设"选项，会弹出"新建裁剪预设"对话框，如图 2.14 所示。输入名称后，单击"确定"按钮，即可将该比例值添加到列表中，如图 2.15 所示。如果想从列表中删除自定义的比例值，选择"删除预设"选项，弹出"删除裁剪预设"对话框，如图 2.16 所示。单击"删除"按钮，在弹出的"删除裁剪预设"询问框中单击"是"按钮即可，如图 2.17 所示。

图 2.14

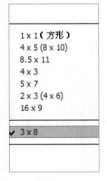
图 2.15

图 2.16

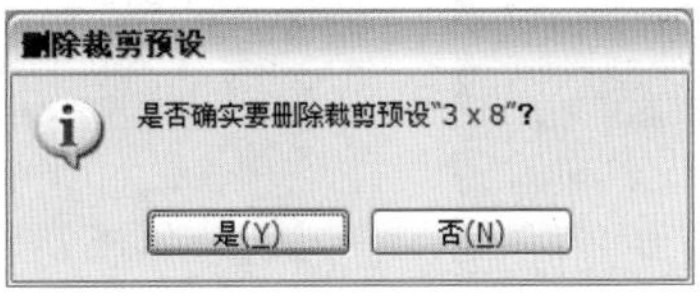

图 2.17

●大小和分辨率：选择该选项，会弹出"裁剪图像大小和分辨率"对话框，可以在该对话框中设置裁剪区域的长度、宽度及分辨率等参数，如图 2.18 所示。单击"确定"按钮，效果如图 2.19 所示。

图 2.18

图 2.19

●旋转裁剪框：设置裁剪区域后，如图 2.20 所示。选择该选项，可以旋转裁剪框的角度，如图 2.21 所示。按【Enter】键，即可将图像进行旋转并剪裁，如图 2.22 所示。

图 2.20 | 图 2.21 | 图 2.22

❷纵向与横向旋转裁剪框 ↻：设置裁剪区域后，如图 2.23 所示。单击该按钮，可以调换裁剪框的宽高比例，如图 2.24 所示。如果再次单击该按钮，就会再次切换裁剪框的长宽比例，如图 2.25 所示。

图 2.23 | 图 2.24 | 图 2.25

❸拉直 ▱：通过在图像上画一条线，如图 2.26 所示，以拉直该图像，如图 2.27 所示。

图 2.26 | 图 2.27

❹视图：设置裁剪工具的视图选项，单击 ⯆ 按钮，在打开的下拉列表中可以选择视图效果，如图 2.28 所示。

❺设置其他裁剪选项：单击 ⚙ 按钮，可以在打开的下拉面板框中设置其他裁剪视图选项，如图 2.29 所示。

❻删除裁剪的像素：确定保留还是删除裁剪框外部的像素数据，如图 2.30 所示。

图 2.28 | 图 2.29 | 图 2.30

2.4　选择工具的使用

本节将重点介绍选择工具的使用方法。

2.4.1　利用工具创建几何选区

启动 Photoshop 后，最常用的工具是选择工具，利用矩形选框工具、椭圆选框工具及单行/单列选框工具可以创建几何选区，这是最快捷地创建选区的基本方法。下面来详细了解利用工具创建几何选区的方法及相关设置。

1．矩形选框工具和椭圆选框工具

矩形选框工具是处理图像时经常用到的选取工具，利用该工具可以框选出规则的矩形或正方形选区。选择该工具，在图像中单击并拖曳，就可绘制一个矩形选区。椭圆选框工具的用法和矩形选框工具的用法相同，其选项栏也一样。图 2.31 所示为矩形选框工具的选项栏。

图 2.31

❶羽化：该选项用来设置羽化值，以柔和表现选区的边框，羽化值越大选区边角越圆。将矩形选区的羽化值设置为 0px 时，效果如图 2.32 所示。将矩形选区的羽化值设置为 50px 时，效果如图 2.33 所示。

图 2.32　　　　　　　　　　　　　　　图 2.33

❷样式：在该下拉列表中包含 3 个选项，分别为正常、固定比例和固定大小。
- 正常：随鼠标的拖动轨迹指定椭圆选区。
- 固定比例：指定宽高比为固定值的矩形选区。例如，将宽度和高度值分别设置为 3 和 1，然后拖动鼠标即可制作出宽高比为 3∶1 的椭圆选区。
- 固定大小：输入宽度和高度值后，拖动鼠标可以绘制指定大小的选区。例如，将宽度和高度值均设置为 50px，拖动鼠标就可以制作出宽和高均为 50 像素的矩形选区。

❸调整边缘：单击该按钮，可以弹出"调整边缘"对话框，在其中可对选区进行平滑、羽化等处理。

2．单行和单列选框工具

单行和单列选框工具主要用来绘制横向或纵向的线段。该工具能够以 1 像素的大小制作出无限长的选区，常用来制作网格。

2.4.2 利用工具创造不规则选区

利用 Photoshop 中的工具不仅可以创建规则的选区，还可以创建不规则的选区，包括套索工具、多边形套索工具及磁性套索工具。在创建选区时，每个工具都有各自的特点。

1. 套索工具

套索工具是经常用到的选取工具之一，其特别之处在于它的随意性。选择该工具后，就可以在图像中单击确定要选择图像的起始点，如图 2.34 所示，然后在图像中拖曳鼠标，将终点与起始点重合，即可绘制出任意形状的选区，如图 2.35 所示。

图 2.34　　　　　　　　　　　图 2.35

2. 多边形套索工具

在使用多边形套索工具时，可以通过拖动鼠标，指定直线形的多边形选区。该工具不像磁性套索工具那样可以紧紧地依附在图像的边缘，快捷方便地制作出选区。选择该工具，确定绘制选区的起始点，如图 2.36 所示。轻轻地移动鼠标并单击，确定多变形的其余顶点，如图 2.37 所示。将终点与起始点重合，便可以绘制出多边形选区，如图 2.38 所示。

图 2.36　　　　　　　　　图 2.37　　　　　　　　　图 2.38

3. 磁性套索工具

利用磁性套索工具，可轻松地绘制出边框比较复杂的图像选区，就像铁被磁石吸附一样，紧紧地吸附着图像的边缘，沿着图像的外边框形态拖动鼠标，便可自动建立选区。磁性套索工具主要用于指定色差比较明显的图像选区。选择该工具，在要选择的图像边缘单击，确定起始点，沿着图像的边缘拖曳鼠标，如图 2.39 所示。待终点与起始点重合时，如图 2.40 所示。释放鼠标，即可绘制出选区，如图 2.41 所示。

图 2.39　　　　　　　　　图 2.40　　　　　　　　　图 2.41

2.5　调色命令的使用

调色是图像修饰中一个非常重要的环节，本节除了对各个调色工具进行详细介绍，还将侧重点放在对图像本身的分析及调色工具的灵活应用上。本节重点讲解 5 个工具：色阶、曲线、色相/饱和度、色彩平衡和可选颜色，如图 2.42 所示。

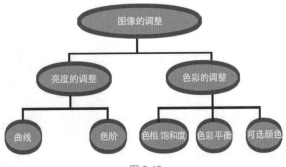

图 2.42

2.5.1　图像调整的两大方向

在图像的调整中，一般分为亮度调整和色彩调整两大部分。其中，在明度的调整方面常用的方法是色阶调整和曲线调整。而在颜色的调整方面主要包括色相/饱和度的调整、色彩平衡的调整及可选颜色的调整，如图 2.43 所示。

图 2.43

2.5.2　"色阶"命令

"色阶"命令经常是在扫描图像后调整颜色时使用，可以对亮度过暗的照片进行充分的颜色调整。应用"色阶"命令后，在弹出的"色阶"对话框中会显示直方图，利用下端的滑块可以调整颜色。左边滑块 ● 代表阴影，中间滑块 ● 代表中间调，右边滑块 △ 则代表高光。打开一幅图像，如图 2.44 所示。执行"图像 > 调整 > 色阶"命令，或按【Ctrl+L】组合键，弹出"色阶"对话框，如图 2.45 所示。

图 2.44

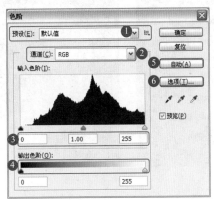

图 2.45

❶预设：利用该下拉列表可根据 Photoshop 预设的色彩调整选项对图像的色彩进行调整。

❷通道：可以在整个颜色范围内对图像的色调进行调整，也可以单独编辑特定颜色的色调。

❸输入色阶：输入数值或者拖动直方图下端的 3 个滑块，以高光、中间调、阴影为基准调整颜色对比。向右拖动阴影滑块，图像中阴影部分会变得更暗，如图 2.46 所示；向左拖动高光滑块，图像中亮的部分会变得更亮，如图 2.47 所示；向左拖动中间滑块，图像会整体变亮，如图 2.48 所示；向右拖动中间滑块，图像会整体变暗，如图 2.49 所示。

图 2.46　　　　　　　　　　　　　图 2.47

❹输出色阶：在调节亮度时使用，与图像的颜色无关。

❺自动：单击"自动"按钮，可以将高光和暗调滑块自动移动到最亮点和最暗点。

图 2.48　　　　　　　　　　　　　图 2.49

❻颜色吸管：设置图像的颜色。

● 设置黑场 ✏️：通过黑色吸管选定的像素被设置为阴影像素，改变亮度值。

● 设置灰点 ✏️：通过灰色吸管选定的像素被设置为中间亮度的像素，改变亮度值。

● 设置白场 ✏️：通过白色吸管选定的像素被设置为中间亮度的像素，改变亮度值。

色阶是图像调整中常用的方法之一，它可以针对图像的高光区域、中间调和暗部区域分别进行调整，而不影响其他两个区域。同时它包含了 3 个颜色通道，分别是红色通道、蓝色通道和绿色通道，以便于分别对其进行调整。通过色阶的调整可以加大画面的反差，增强图像本身的层次感及立体感等。

1. 色阶的优势

相对曲线而言，色阶有其自身的优势，它可以在不影响高光阴影的前提下单独提亮灰度，同样可以很精确地针对高光、中间调和阴影部分分别进行调整，而不影响其他两个区域，因此从操作的角度而言，色阶更为方便，如图 2.50 所示。

原 图　　　　　　▲高光的调整　　　　　▲中间调的调整　　　　▲阴影部分的调整

图 2.50

2. 色阶中的分区

在色阶中，一般分为暗部区域、中间调及高光区域三大部分。其中，3 个吸管的作用分别是黑场、灰场和白场，以此来大面积地校正图像的偏色问题。同时也可以结合其他工具调整图像的偏色问题，如图 2.51 所示。

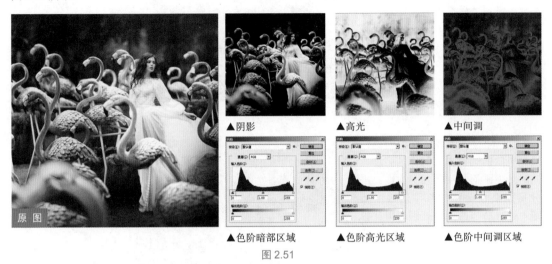

图 2.51

3．如何检查图像的曝光情况

图 2.52 所示为照片修改前后的对比效果。在这里分享一个非常实用的小知识，在调节图像高光部分时，由于每台显示器的情况不尽相同，为了更准确地判断一个图像是否曝光过度，最简单的办法就是按住【Alt】键的同时移动色阶滑块上的高光点，这样就可以看到图像的曝光情况。在此过程中，整个画面会在一个黑色的区域内进行，如果在画面中出现了黄色区域，则表示曝光警告，而红色则表示进一步警告，白色区域则表示该区域已完全曝光，蓝色区域则表示该区域的曝光情况在允许范围之内，如图 2.53 所示。

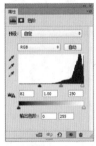

▲色阶调整　　　　▲亮部曝光情况　　　　▲暗部曝光情况

图 2.52　　　　　　　　　　　　　　　图 2.53

2.5.3　色阶的应用

通过观察图 2.54 所示的图像不难发现，原图中最大的问题是整体过暗，因此使用色阶功能分别对其高光部分、中间调及暗部区域进行调整，最终使得图像整体提亮且不失层次感。

图 2.54

步骤 01 打开素材文件 "2-5-3.jpg"，
按【Ctrl+J】组合键，复制 "背景"
图层，得到 "背景 复制" 图层，如
图 2.55 所示。

图 2.55

步骤 02 针对该图像存在的问题，
通过色阶的调整提高图像的亮度，
同时增强画面的反差及对比度。再
分别调整色阶中的红、蓝两个通
道，进行适当的上色处理即可。单
击 "图层" 面板下方的 "创建新的
填充或者调整图层" 按钮 ◉，在打
开的下拉列表中选择 "色阶" 选项，
对其参数进行设置，效果如图 2.56
所示。

步骤 03 通过曲线适度地提亮图像
的亮度，并增强画面的反差。单
击 "图层" 面板下方的 "创建新的
填充或调整图层" 按钮 ◉，在打开
的下拉列表中选择 "曲线" 选项，
对其参数进行设置，效果如图 2.57
所示。

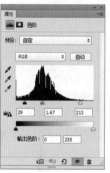 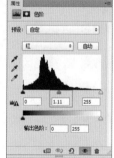 

图 2.56

  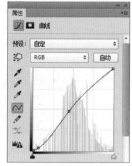

图 2.57

步骤 04 建立中灰调整图层，塑造图像的立体感。执行 "图层 > 新建图层" 命令，在弹出的 "新建图层"
对话框中设置参数，单击 "确定" 按钮，新建一个图层并命名为 "中灰"。单击工具箱中的 "画笔工具"
按钮 ✐，将前景色分别设置为黑色和白色，对图像进行立体感的塑造，效果如图 2.58 所示。

图 2.58

2.5.4 "曲线"命令

Photoshop 可以调整图像的整个色调范围及色彩平衡，但它不是通过控制 3 个变量（阴影、中间调和高光）来调节图像的色调，而是对 0～255 色调范围内的任意点进行精确调节。"曲线"对话框如图 2.59 所示，下面对相关选项进行介绍。

❶通道

若要调整图像的色彩平衡，可以在"通道"下拉列表中选取所要调整的通道，然后对图像中的某一个通道的色彩进行调整。

❷曲线

● 输入色阶（水平轴）：代表原图像中像素的色调分布，初识时分成了 5 个带，从左到右依次是暗调（黑）、1/4 色调、中间色调、3/4 色调、高光（白）。

图 2.59

● 输出色阶（垂直轴）：代表新的色阶值，从下到上亮度值逐渐增加。默认的曲线形状是一条从下到上的对角线，表示所有像素的输入与输出色调值相同。调整图像色调的过程就是通过调整曲线的形状来改变像素的输入和输出色调，从而改变整个图像的色调分布。

打开一幅图像，如图 2.60 所示，将曲线向上弯曲会使图像变亮，如图 2.61 所示，将曲线向下弯曲会使图像变暗，如图 2.62 所示。曲线上比较陡直的部分代表图像对比度较高的区域；相反，曲线上比较平缓的部分代表图像对比度较低的区域。

图 2.60　　　　　　　　　图 2.61　　　　　　　　　图 2.62

使用 ✎ 工具可以在曲线缩略图中手动绘制曲线，如图 2.63 所示。为了精确地调整曲线，可以增加曲线后面的网格数，按住【Alt】键并单击缩略图即可，如图 2.64 所示。

单击"预设"选项右侧的 ▤ 按钮，打开下拉列表，如图 2.65 所示，选择"载入预设"选项，可以将过去使用过的曲线载入使用，主要用于同类型图像的处理。

选择"存储预设"选项，可以将编辑好的曲线存储起来，方便以后解决同样的问题时使用。

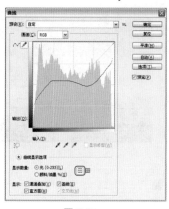

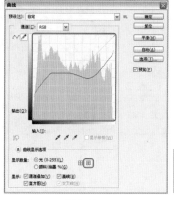

图 2.63　　　　　　　　　　图 2.64　　　　　　　　图 2.65

❸选项

单击该按钮，弹出"自动颜色校正选项"对话框，如图 2.66 所示。自动颜色校正选项控制由"色阶"和"曲线"对话框中的"自动颜色""自动色阶""自动对比度""自动"选项应用的色调和颜色校正。在该对话框中可以指定阴影和高光的剪切百分比，并为阴影、中间调和高光指定颜色值。

ⓐ增强单色对比度：可统一剪切所有的通道，这样可以在使高光显得更亮而暗调显得更暗的同时，保留整体的色调关系。"自动对比度"命令使用此种算法。

ⓑ增强每通道的对比度：可最大化每个通道中的色调范围，以产生更显著的校正效果。因为各个通道是单独调整的，所以增强每通道的对比度可能会消除或引入色痕，"自动色阶"命令使用此种算法。

图 2.66

ⓒ查找深色与浅色：查找图像中平均最亮和最暗的像素，并用它们在最小化剪切的同时最大化对比度，"自动颜色"命令使用此种算法。

ⓓ增强亮度和对比度：可自动调整图像的亮度和对比度，以表现最佳的图像效果。

ⓔ目标颜色和修剪：若要指定要剪切黑色和白色像素的量，可在"修剪"文本框中输入百分比，建议输入 0～1% 之间的一个值。

以下是利用"曲线"命令调整前与调整后的图像效果对比，如图 2.67 所示。

图 2.67

"曲线"命令在图像调整中起着举足轻重的作用，也被称为"调色之王"。在对图像的调整方面，它不是针对于高光、中间调及阴影分别进行调整，而是对 0～255 色彩范围内的任意点进行精确调整，因此对色彩及光影的调节更为精确、自然。

1. 曲线的优势

色阶和曲线除了都可以调节图像的亮度外，二者最大的区别在于色阶可以分别针对图像中的阴影、中间调和高光区域进行调整，而不影响其他两个区域。而曲线的优势则在于它可以分节点对图像的亮度进行调整，这样使得图像的调整更为精确与细致。了解了这一点，在今后的修图过程中就能充分地发挥它们各自的优势，从而使图像达到最好的视觉效果。

2. 曲线的 3 个通道

与色阶相似，曲线也分为了红、绿、蓝 3 个通道，如图 2.68 所示，分别记录了色彩信息，可以针对其中任意一个通道的颜色单独进行调整。

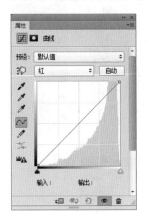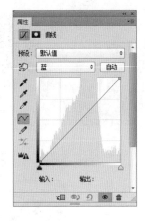

图 2.68

3. 曲线的调整原理

在曲线中通过观察可以看到两个灰色条，分别处于水平方向和垂直方向。其中，水平方向的数值代表原图的具体参数，而垂直输出则代表了调整之后的图像的具体参数。通常情况下可以看到新打开曲线输入和输出的灰度的参数是完全相同的，因此在画面上并没有发生什么变化。而对图像进行调整之后，输入和输出的灰度的参数是不相同的，因此图像的明度也发生了变化。

4. 关于曲线调色的问题

利用曲线除了可以对亮度及对比度进行调整，还可以对图像的颜色进行调整，确切的说，就是用曲线进行压色或提色。

因为照片在拍摄出来时其本身就拥有丰富的颜色信息，有时看起来画面的整体效果并不理想，一个主要原因在于光点的控制并不到位，从而导致许多颜色信息被埋没在了画面中。此时可以用曲线的方式将画面中的颜色信息进行提炼，最后再经过简单的上色，图像就会显得比较好看。

5. 曲线的调整技巧

在对曲线进行调整的过程中，其中心点称为 50% 灰，也可以简单地理解为曲线的调整幅度越大，对图像的影响范围也就越大。在曲线的操作面板中，可以看到旁边有个手指形状的按钮，通过该按钮可以准确地选择需要调整的区域，并且通过向上或者向下滑动来调整所选区域的明暗程度，如图 2.69 所示。

6. 曲线中亮度的准确定位

在这里向大家分享一个小技巧，在用曲线对曝光进行调整时，可以选择先让其曝光过度，再逐渐降低到自己认为合适的曝光程度就可以了，这样做的最大优势在于，可以避免错过最佳的曝光效果，如图 2.70 所示。

  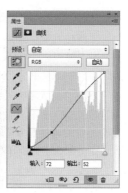

图 2.69

  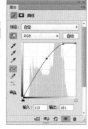

▲曝光过度

▲曝光正常

图 2.70

7. 曲线调整注意事项

关于曲线需要了解的是，在调整过程中一般不得超过 3 个节点。图像调整后的理想状态应该是暗部通透干净，并且图像中高光部分的细节仍然存在。也就是说，最大限度地保留图像中需要保留的细节的部分，如图 2.71 所示。

  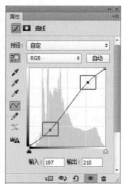

图 2.71

8．曲线压暗照片的技巧

当用曲线对图像进行压暗处理时，如果选择中间点进行压暗，整体图像会反差较大以至于丢失很多细节部分，正确的做法是选择高光点进行压暗。当然每张照片的情况不尽相同，最终还应该根据图像本身的特点进行调整。需要把握的一个原则是，在图像中只有一个主体，光影的调节也应该基于这一原则，因而在画面中四处漏光、漫无目的地进行表现的方式是不可取的，如图 2.72 所示。

▲细节部分完好　　　　　　▲缺失细节部分

图 2.72

2.5.5　曲线的应用

曲线除了可以对亮度及 3 个色彩通道进行调整，还具备对多个节点进行调节的功能，使光线和色彩的过渡更为自然。在本案例中，原图并无曝光过度的地方，相反中间调和暗部区域有些过暗。因此，通过应用曲线工具，使整体图像提亮的同时还增加了少许的对比，使照片看起来更加立体与通透，如图 2.73 所示。

原 图　　　　效果图

图 2.73

打开素材文件"2-5-5.jpg"，按【Ctrl+J】组合键复制一层图层。单击"图层"面板下方的"创建新的填充或调整图层"按钮 ，在打开的下拉列表中选择"曲线"选项，对其曲线进行修改。可以看到图像随着曲线的变化而改变，如图 2.74 所示。

图 2.74

2.5.6　"色相/饱和度"命令

"色相/饱和度"是一个非常重要的调色命令，它可以对色彩的三大属性——色相、饱和度（纯度）、明度进行修改。其特点是既可以单独调整单一颜色的色相、饱和度和明度，也能调整图像中所有颜色的色相、饱和度和明度。打开一个文件，如图 2.75 所示，执行"色相/饱和度"命令后，可以看到图像的色彩发生变化，如图 2.76 所示。

图 2.75　　　　　　　　　　　　　　图 2.76

　　打开一个文件，执行"图像 > 调整 > 色相/饱和度"命令后，会弹出"色相/饱和度"对话框，如图 2.77 所示，下面对该对话框中的相关选项进行讲解。

图 2.77

　　❶预设：该选项用于选择要调整的基准颜色，单击下拉按钮，在打开的下拉列表中选择要改变的色系，如图 2.78 所示。
　　❷色相：该选项用于改变图像的颜色，拖动滑块或者输入数值即可改为多种颜色，如图 2.79 所示。

图 2.78　　　　　　　　　　　　　　图 2.79

　　❸饱和度：该选项用于改变图像的饱和度。向右拖动"饱和度"滑块，可提高图像的饱和度，如图 2.80 所示；相反，向左拖动"饱和度"滑块，可将图像调整为接近黑白色效果，如图 2.81 所示。

图 2.80　　　　　　　　　　　　　　图 2.81

❹明度：该选项用于调整图像的亮度。向右拖动"明度"滑块，图像会变得越亮，如图 2.82 所示；相反，向左拖动"明度"滑块，图像就会变暗，如图 2.83 所示。

图 2.82　　　　　　　　　　　　　　图 2.83

❺着色：该选项可以将图像的颜色改为一种色调的图像，如图 2.84 所示；调整图像的颜色、饱和度和亮度等，如图 2.85 所示。

图 2.84　　　　　　　　　　　　　　图 2.85

⚠ 提示

"着色"是一种"单色代替彩色"的操作，并保留原先像素的明暗度。此时图像的色谱变为棕色，意味着棕色代替了全色相，那么现在图像应该整体呈现棕色。拖动"色相"滑块可以选择不同的单色。

色相/饱和度可以针对图像的色相、饱和度和明度进行调整，既可以单独调整单一颜色的 3 个参数，也可以同时调整图像所有颜色的色相、饱和度和明度。了解到这一点对图像的调整而言十分必要，那么在这3个参数中应该优先调整其中的哪一项呢？通常情况下，首先应该调整色相，在色相确定的情况下再对其明度、饱和度、对比度等一系列参数进行调整，如图2.86所示。

图 2.86

1．色彩三要素

色彩的三要素包含色相、饱和度和明度三大部分，其中色相是最重要的一个因素。所谓色相，简单来说就是指什么颜色，冷色调还是暖色调，如图2.87所示。

图 2.87

2．色相/饱和度调整技巧

在人像修调中，如果需要降低人物肤色的饱和度，可以在色相/饱和度中选择"红色"通道并降低明度，不建议使用直接降低饱和度的方式来操作，这样做会使画面中失去很多细节部分。在图像的调整中，只有注意到这些细节操作，才可能达到一个理想的效果。

3．色相/饱和度中单色通道的调节

在对色差比较大的图像进行调整时，首先需要做的是调整色相/饱和度中的单色通道，可以通过降低或者提升单色通道中的饱和度及明度等来实现，然后通过可选颜色实现颜色的细致调整。

4．色相/饱和度对偏色的调整

用色相/饱和度可以解决肤色不匀、局部偏色的问题，包括眼袋及鼻翼部分偏红的部分。其主要原理是通过确定偏色的色域，进而对该色域进行颜色上的完美转换，最终达到肤色统一的效果，如图2.88所示。

图 2.88

不难发现，色相/饱和度中的着色是一个很便捷且快速的颜色调整方式，利用它可以很快地改变整张照片的整体色调，然后通过不透明度、对比度等的调整使整张照片完成色调上的转换，如图2.89所示。

图 2.89

2.5.7　色相/饱和度的应用

通过色相/饱和度来矫正图像中存在的偏色问题也是一个常见的方法，主要原理在于首先确定画面中偏色的具体色域，然后有针对性地进行调整。在本案例中，背景部分及人物服装部分呈现出偏青的效果，因此在青色的通道中确定偏色的准确色域，通过色相/饱和度的调整达到希望的效果，这是一个既准确又高效的调色方法，如图 2.90 所示。

步骤 01 打开素材文件"2-5-7.jpg"。按【Ctrl+J】组合键，复制"背景"图层，得到"背景复制"图层，如图 2.91 所示。

步骤 02 单击"图层"面板下方的"创建新的填充或调整图层"按钮 ，在打开的下拉列表

图 2.90

中选择"色相/饱和度"选项，由于背景及人物服饰部分偏青的元素较多，因此选择"青色"通道。单击对话框中的手指按钮后点选偏青的区域，如图 2.92 所示。

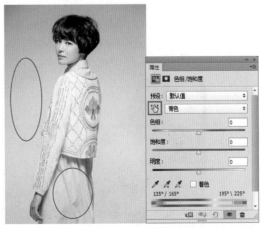

图 2.91

图 2.92

步骤 03 通过色相的调整使图像呈现出整体偏色的状况。在"青色"通道中将"色相"数值调整至最大值，效果如图 2.93 所示。

步骤 04 通过加选的方式更加准确地呈现出画面中偏青的区域。单击对话框中的减选按钮，点选正常肤色的部分，效果如图 2.94 所示。

图 2.93

图 2.94

步骤 05 确定偏色的色域后，将"色相"数值归零，使图像回归本来的面貌，如图 2.95 所示。

步骤 06 分别调整"青色"通道中的"色相""饱和度"参数后单击"确定"按钮，最终效果如图 2.96 所示。

图 2.95

图 2.96

2.5.8 "色彩平衡"命令

色彩平衡是指图像整体的颜色平衡效果。使用"色彩平衡"命令可以在图像原色的基础上根据需要来添加其他颜色，或通过增加某种颜色的补色来减少该颜色的数量，从而改变图像的色调，纠正明显的偏色问题。打开一个文件，对其进行去色处理，如图 2.97 所示，然后执行"色彩平衡"命令，使图像整体保持一个色调，如图 2.98 所示。

图 2.97

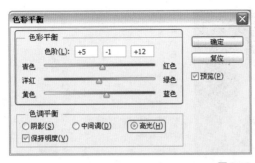

图 2.98

以下为"色彩平衡"对话框的相关讲解。

打开一个文件，执行"图像 > 调整 > 色彩平衡"命令，弹出"色彩平衡"对话框，其中相互对应的两个颜色互为补色（如青色与红色）。当提高某种颜色的比重时，位于另一侧的补色的颜色就会减少，如图 2.99 所示。

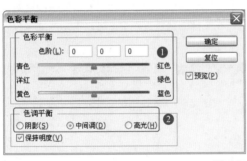

图 2.99

❶色彩平衡：在"色阶"文本框中输入数值，或拖动滑块可以向图像中增加或减少颜色。例如，如果将最上面的滑块移向"青色"，可在图像中增加青色，同时减少其补色红色；如果将滑块移向"红色"，则减少青色，增加红色。

❷色调平衡：可以选择一个或多个色调来进行调整，包括阴影、中间调和高光。图 2.100 为单独向阴影、中间调和高光中添加黄色的效果。勾选"保持明度"选项，可以保持图像的色调不变，防止亮度值随颜色的更改而变化。

图 2.100

在图像的调整过程中，色彩平衡也可以针对高光、中间调和阴影部分分别进行调整，能够快速有效地调整图像的整体色调，同样也可以用来校正图像的色彩，使之均衡、不偏色。当遇到整体偏色的图像时，可以考虑用色彩平衡的方式进行校正，在使用的过程中首先应该调整中间调，其次是调整阴影和高光部分。下面一起来看一下色彩平衡的具体应用，如图 2.101 所示。

图 2.101

1. 色彩平衡和曲线的区别

了解曲线和色彩平衡各自的特征后，看一下二者之间的区别：曲线主要是针对图像的明暗程度进行调整，而色彩平衡调整的重点则是图像色彩。因此，在图像的调整过程中，可以根据照片本身的特点选择合适的修调方案，如图 2.102 所示。

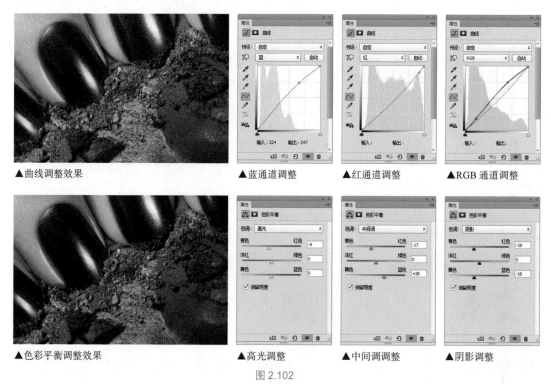

▲曲线调整效果　　▲蓝通道调整　　▲红通道调整　　▲RGB 通道调整

▲色彩平衡调整效果　　▲高光调整　　▲中间调调整　　▲阴影调整

图 2.102

2. 色彩平衡的妙用

色彩平衡是一个非常便捷的调色工具，当原图色彩不够丰富时，可以通过色彩平衡进行加色处理，直到达到自己满意的程度，再用可选颜色进行颜色的细致调整，如图 2.103 所示。

图 2.103

2.5.9　色彩平衡的应用

本案例中人物的肤色偏黄、偏红。针对这一现象，可以通过色彩平衡的调整快速地解决图像中人物肤色偏色的问题。需要注意的是，在其属性栏中应当选择"保留明度"复选框，以保证图像的明度不受影响，如图 2.104 所示。

步骤 01 打开素材文件 "2-5-9.jpg"。按【Ctrl+J】组合键，复制"背景"图层，得到"背景 复制"图层，如图 2.105 所示。

步骤 02 对图像的中间调及暗部进行色彩平衡的调整。单击"图层"面板下方的"创建新的填充或调整图层"按钮 ，在打开的下拉列表中选择"色彩平衡"选项，设置参数，最终效果如图 2.106 所示。

图 2.104

图 2.105

图 2.106

图像的明暗程度在整体画面中起着非常重要的作用，此外，反差的调整也很重要。一幅好的照片，需要做到的是首先减少光比的操作，明度、对比度调整，以及之后颜色的调整，总之要做到光影过渡自然、细节无可挑剔。除此之外，不可忽视的一个问题是，基础光影也十分重要，素描关系和光影的调整的重要性比调色本身更为重要。

步骤 03 通过曲线的方式适度调整人物的肤色，使其看起来更加通透健康。单击"图层"面板下方的"创建新的填充或调整图层"按钮 ◎.，在打开的下拉列表中选择"曲线"选项，对其参数进行设置，单击"确定"按钮。单击工具箱中的"画笔工具"按钮 ✐.，将前景色设置为黑色后擦除人物皮肤以外的部分，最终效果如图 2.107 所示。

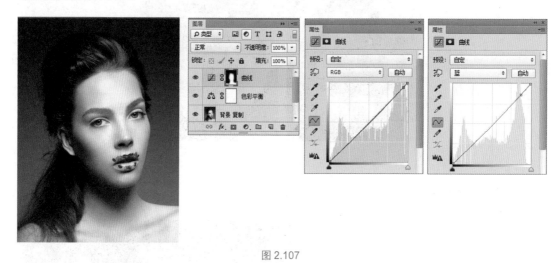

图 2.107

2.5.10 "可选颜色"命令

"可选颜色"命令通过调整印刷油墨的含量来控制颜色。使用"可选颜色"命令可以有选择性地修改主要颜色中印刷色的含量，但不会影响其他主要颜色。

以下为"可选颜色"对话框的相关讲解，如图 2.108 所示。

❶颜色/滑块：在"颜色"下拉列表中选择要修改的颜色，拖动下面的各个颜色块，即可调整可选颜色中青色、洋红色、黄色和黑色的含量。图 2.109 所示为原始图像，图 2.110 所示为调整后的图像效果。

图 2.108

图 2.109

图 2.110

❷方法：用来设置调整方式。选择"相对"单选按钮，可按照总量的百分比修改现有的青色、洋红、黄色或黑色的含量。例如，如果从 50% 的洋红像素开始添加 10%，结果为 55% 的洋红（50%+50%×10%=55%）；选择"绝对"单选按钮，则采用绝对值调整颜色。例如，如果从 50% 的洋红像素开始添加 10%，则结果为 60% 的洋红。

在众多的调色工具中，可选颜色也是非常实用的，在其对话框中可以看到相对和绝对两个选项，一般情况下选择"相对"单选按钮。较曲线而言，可选颜色最大的优势在于它可以对画面中的单一颜色进行饱和度的增强和色相的变化，这样的结果就是可选颜色对图像色彩的调整更加精确与细致，如图 2.111 所示。

图 2.111

在用可选颜色进行调色处理时，一般情况下选择"相对"单选按钮，这样做出来的画面效果比较柔和，只有遇到很难上色的情况时才会选择"绝对"单选按钮，例如，给白色的天空加色，变成蓝色的天空。

2.5.11　可选颜色的应用

本案例中通过可选颜色的调整将人物衣服的颜色进行了由红至黄的转换，在转换过程中细心地读者会发现人物的肤色也发生了些许变化，由于这里考虑到环境光的因素，因此不再对人物肤色部分进行变换，如图 2.112 所示。

图 2.112

步骤 01　打开素材文件"2-5-11.jpg"。按【Ctrl+J】组合键，复制"背景"图层，得到"背景 复制"图层，如图 2.113所示。

图 2.113

步骤 02 单击"图层"面板下方的"创建新的填充或调整图层"按钮 ◐.，在打开的下拉列表中选择"可选颜色"选项，对其参数进行设置，单击"确定"按钮，最终效果如图 2.114 所示。

图 2.114

2.5.12 用可选颜色处理偏红的肤色

在人像修调中需要了解的一点是，人物的肤色主要由黄色和红色两个颜色构成。当人物肤色偏红时，需要做的不是一味地增加青色，而是在"红色"通道中做减少洋红和黑色的处理，只有这样调整出的人物肤色看起来才会更加通透和健康。在肤色偏色时如果直接处理其补色，那么颜色看起来会显得不干净。需要做的不是对补色的处理，而是将现有的偏色进行转换，只有转换出来的颜色才是干净透彻的，如图 2.115 所示。

▲加青色效果　　　　　　　　▲可选颜色参数

▲减少洋红和黑色效果　　　　▲可选颜色参数

图 2.115

2.5.13　调色工具大盘点

在图像的调整中，每个工具都有其自身的特征，只有了解各个工具的优势，才能使其发挥最大的作用。其中，曲线包含了很多节点来控制画面中的灰度区域，因此它的调整也会比色阶更丰富。色阶的最大优势在于更加便捷地针对黑白灰进行调整图像的明度。色相/饱和度则把画面分为色相、饱和度和明度3部分，可以针对3部分分别进行调整。色彩平衡最擅长的是针对整体图像色调进行调整，也可用于校色或者强制偏色。如果要精确地针对单色进行替换的话，可选颜色则是一个不错的选择，如图 2.116 所示。

▲曲线调整　　　　　　▲色阶调整

▲色彩平衡调整　　　▲饱和度调整　　　▲可选颜色调整

图 2.116

2.5.14　色彩和色调的特殊调整

接下来学习图像色彩的特殊调整，包括"黑白""去色""反相""渐变映射"命令，对图像执行这些命令后，将表现出黑白、灰色或其他的颜色效果。

1．"黑白"命令

"黑白"命令专门用于制作黑白照片和黑白图像，它不仅可以将彩色图像转换为黑白效果，还可以为灰度着色，使图像呈现为单色效果。打开一个文件，执行"图像 > 调整 > 黑白"命令，设置相关参数后，就会改变图像的色彩，如图 2.117 所示。

图 2.117

以下为"黑白"对话框的相关介绍，如图 2.118 所示。"黑白"命令可以对各种颜色的转换模式完全控制，简单来说，就是可以控制每一种颜色的色调深浅。如果要对某种颜色进行细致的调整，可以将光标定位在该颜色区域的上方，此时，光标会变为 状，单击并拖动鼠标可以使该颜色变亮或变暗，如图 2.119 所示，"黑白"对话框中的相应颜色滑块也会自动移动位置。

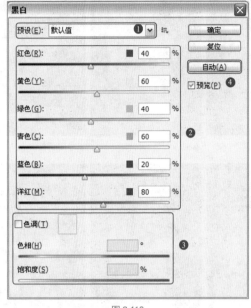

图 2.118

图 2.119

❶使用预设文件调整：在"预设"下拉列表中可以选择一个预设的调整文件，对图像自动应用调整。如果要存储当前的调整设置结果，可单击选项右侧的 按钮，在打开的下拉列表中选择"存储预设"选项即可。

❷拖动颜色滑块调整：拖动各个颜色的滑块可调整图像中特定颜色的灰色调。例如，向左拖动黄色滑块时，可以使图像中由黄色转换而来的灰色调变暗，如图 2.120 所示。向右拖动，则将色调变亮，如图 2.121 所示。

❸为灰度着色：如果要为灰度着色，创建单色调效果，可选择"色调"复选框，再拖动"色相"滑块和"饱和度"滑块进行调整。单击颜色块，可在弹出的"拾色器"对话框中对颜色进行调整。图 2.122 所示为创建的单色调图像效果。

图 2.120

图 2.121

图 2.122

❹自动：单击该按钮，可设置基于图像的颜色值的灰度混合，并使灰度值的分布最大化。"自动"混合通常会产生极佳的效果，并可以作为使用颜色滑块调整灰度值的起点。

2．"去色"命令

在人像、风光和纪实摄影领域，黑白照片是具有特殊魅力的一种艺术表现形式。高调是由灰色级谱的上半部分构成的，主要包含白、极浅灰白、浅灰、深灰和中灰，使图像效果呈现出轻盈明快、单纯、清秀、优美等艺术氛围，成为高调图片。

打开一幅图像，如图 2.123 所示，执行"图像 > 调整 > 去色"命令后，就会将图像的彩色信息去掉，使图像成为灰度图像，如图 2.124 所示。

图 2.123　　　　　　　　　　图 2.124

> ⓘ 提示
>
> 　　两者主要是颜色模式不同。"去色"是在 RGB 或 CMYK 等色彩模式下，将图片转换为黑白效果。此时，RGB 这 3 个颜色通道都一样，如果是 CMYK 颜色模式，原理也相同。灰度图是将图片模式转换为灰度，通道就是一个 0 ～ 255 灰度，可以对图像的部分进行去色处理，而灰度不可以。

3．"反相"命令

　　打开一幅图像，如图 2.125 所示，执行"图像 > 调整 > 反相"命令，或按【Ctrl+I】组合键，Photoshop 会将通道中每个像素的亮度值都转换为 256 级颜色值刻度上相反的值，从而反转图像的颜色，创建彩色负片效果，如图 2.126 所示；如果先将其进行去色，如图 2.127 所示，再执行"反相"命令，会制作成黑白照片的负片效果，如图 2.128 所示。

图 2.125　　　　　　图 2.126　　　　　　图 2.127　　　　　　图 2.128

4．"渐变映射"命令

　　在"图层"面板的下方单击"创建新的填充或调整图层"按钮 ⊘，在打开的下拉列表中可以看到"渐变映射"选项，它和渐变工具最大的区别在于，渐变映射在加强图像的反差、增强画面的质感方面使用的频率更高，除此之外，通过渐变映射方式为图像去色，可使整体画面看起来更加干净。

　　渐变映射和饱和度的结合使用：在调整图层中，黑白渐变映射结合图层混合模式的更改，可以起到加强图像反差的作用，在增加图像的反差后，接下来需要做的是略微降低画面的饱和度，这样会使得照片看起来不会过艳，如图 2.129 所示。

图 2.129

相对渐变工具而言，渐变映射的主要优势在于对图像的调整方面，通过渐变映射方式去色的图像看起来更加干净、通透，如图 2.130 所示。

图 2.130

❶调整渐变：单击渐变颜色条右侧的三角按钮，可以在打开的下拉列表中选择一个预设的渐变，如图 2.131 所示，图像就会应用此渐变效果，如图 2.132 所示。如果要创建自定义的渐变，则可以单击渐变颜色条，在打开的"渐变编辑器"中进行设置。

图 2.131

图 2.132

❷仿色：可添加随机的杂色来平滑渐变填充的外观，减少带宽效应，使渐变的效果更加平顺光滑。

❸反向：可以反转渐变填充的方向，如图 2.133 所示。

图 2.133

2.5.15　渐变映射的应用

本节主要讲解通过渐变映射的方式对图像进行去色处理，除此之外，读者可以对渐变工具和渐变映射有一个更深刻的认识。渐变工具主要用来做融图效果，而渐变映射更偏重图像的去色。此外，渐变映射左侧代表的是图像中所对应的暗部区域，而右侧代表的是图像中所对应的亮部区域，在自行添加渐变映射效果时应遵循以上规律，如图 2.134 所示。

步骤 01 打开素材文件"2-5-15.jpg"。按【Ctrl+J】组合键，复制"背景"图层，得到"背景 复制"图层，如图 2.135 所示。

图 2.134　　　　　　　　　　　　　　　　　图 2.135

步骤 02 单击"图层"面板下方的"创建新的填充或调整图层"按钮，在打开的下拉列表中选择"渐变映射"选项，设置参数，效果如图 2.136 所示。

步骤 03 单击"图层"面板下方的"创建新的填充或调整图层"按钮，在打开的下拉列表中选择"曲线"选项，设置参数，最终效果如图 2.137 所示。

图 2.136　　　　　　　　　　　　　　　　　图 2.137

人像照片的基本处理方法 第3章

3.1　精确裁剪 5 寸照片

在拍摄照片时，若没有选择最大的图像大小或者将手机拍摄的照片冲洗成相片，冲洗出来照片的质量可能会差强人意，本案例将使用裁剪工具和矩形选框工具精确裁剪出 5 寸的照片，如图 3.1 所示。

步骤 01 执行"文件 > 打开"命令，或按【Ctrl+O】组合键，打开素材文件"3-1.jpg"，如图 3.2 所示。

裁剪工具与切片工具的区别在于：裁剪工具就是剪出想要的那一大块（只能切一次），切片工具在理论上可以切无数份，切片一般用来制作网页，通常被存储为 Web 格式。

图 3.1　　　　　　　　　　　　　　图 3.2

步骤 02 执行"图像 > 图像大小"命令，弹出"图像大小"对话框，可以看到案例文件图像的像素大小为 1054×700 像素，如图 3.3 所示。

步骤 03 5 寸照片的像素大小一般为 100 像素，下面就将图像的像素修改为 100 像素，设置"分辨率"为 100 像素/英寸，如图 3.4 所示，单击"确定"按钮，可以看到图像变大。

图 3.3　　　　　　　　　　　　　　图 3.4

步骤 04 使用工具箱中的矩形选框工具，在图像上方显示矩形选框工具的选项栏，将样式设置为"固定比例"，设置 5 寸照片的尺寸为 3.5 cm×5 cm，在图像上框选人物的部分，如图 3.5 所示。

图 3.5

步骤 05 如果框选的位置不对，可以直接移动选框到合适的位置。选择工具箱中的裁剪工具 ，此时将要被裁剪的部分变成灰色区域，如图 3.6 所示。

步骤 06 按【Enter】键确认裁剪，此时图像已被裁剪为 5 寸照片的大小，与此同时，"背景"图层自动解锁转换为普通图层，如图 3.7 所示。

常用相片的尺寸与像素大小的关系：
1寸 2.5*3.5cm　　413*295
身份证大头照 3.3*2.2 390*260
2寸 3.5*5.3cm　　626*413
5寸 5x3.5 12.7*8.9　100万像素
6寸 6x4 15.2*10.2　130万像素

图 3.6　　　　　　　　　　　　　　　　　　图 3.7

3.2　修正倾斜的照片

在拍照时，若相机没有保持水平或垂直，拍出的照片就会倾斜，这种倾斜的水平线或垂直线会打破照片的平衡感，从而破坏照片的美感。本案例将运用标尺工具和"裁剪"命令解决拍照时留下的遗憾，让照片重新找回平衡感，如图 3.8 所示。

步骤 01 执行"文件>打开"命令，或按【Ctrl+O】组合键，打开素材文件"3-2.jpg"，由于在拍摄时相机没有与地面保持垂直，因此照片有点倾斜，如图 3.9 所示。

图 3.8　　　　　　　　　　　　　　　　　　图 3.9

(!) 提示

人像照片在刚拍摄完成后，并不能完全体现出艺术风格和意境，利用 Photoshop 软件可以对图像进行艺术再创作，最终将一张尽善尽美的照片展示出来。

步骤 02 选择工具箱中的标尺工具，测量倾斜的程度，由倾斜的墙面上端开始，按住鼠标左键不放设置开始点，然后沿着倾斜的墙面向下拖曳，到底端后松开鼠标，完成标尺的测量，如图 3.10 所示。

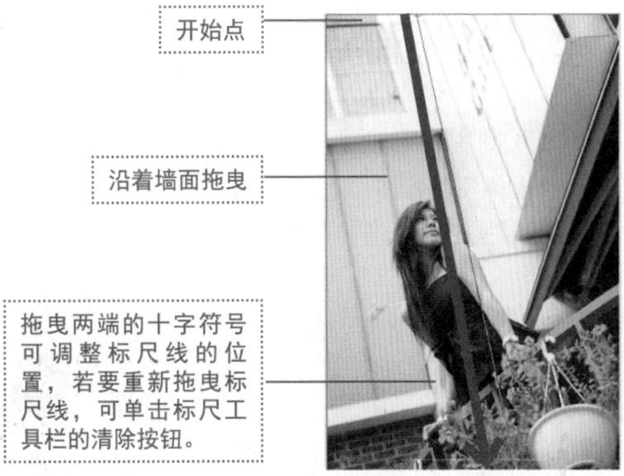
开始点
沿着墙面拖曳
拖曳两端的十字符号可调整标尺线的位置，若要重新拖曳标尺线，可单击标尺工具栏的清除按钮。

图 3.10

步骤 03 执行“图像 > 图像旋转 > 任意角度”命令，弹出“旋转画布”对话框，Photoshop 会根据标尺的测量结果，自动填入要旋转的角度和方向，单击“确定”按钮，完成旋转操作，如图 3.11 所示。

步骤 04 旋转照片后，四周会出现多余的黑边，需要进行裁切。选择工具箱中的矩形选框工具，图像上端会显示出矩形选框工具的选项栏，将选项栏中的样式设置为“固定比例”，在“宽度”和“高度”文本框输入要裁剪的比例，如图 3.12 所示。

步骤 05 在图像上按住鼠标左键拖曳出选取范围，拖曳完成后将鼠标移至选取框中，可以移动选取范围进行调整，如图 3.13 所示。

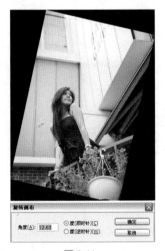

旋转画布
角度(A): 12.63
度(顺时针)(C)
度(逆时针)(W)
确定
取消

图 3.11

羽化: 0 px
消除锯齿
样式: 固定比例
宽度: 2
高度: 3

图 3.12

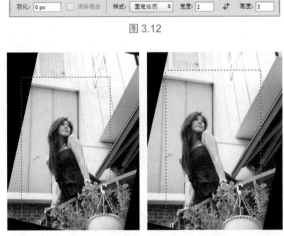

图 3.13

步骤 06 选取范围调整完成后，执行“图像 > 裁剪”命令，图像将会沿着选取范围进行裁剪，将选取区以外的范围裁剪掉。按【Ctrl+D】组合键取消选区，完成图像的修正操作，如图 3.14 所示。

图 3.14

提示

在矩形选框工具的选项栏中，可以设置羽化值、样式、形态等参数。若调整完成后，还是觉得画面的效果不太好，可以利用“历史记录”面板回到图像旋转前的状态，重新进行测量、旋转、裁剪等操作，直至达到满意的效果。

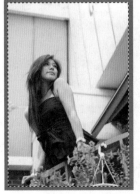

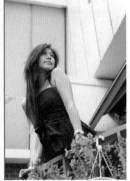

3.3 精确改变图像的旋转角度

本案例主要针对如何精确旋转图像进行细致分析。在 Photoshop 软件中，可以很方便地对图像或者图像中任何对象进行旋转，可以执行"水平翻转"命令对图像进行旋转操作，然后执行"色彩平衡"命令对旋转后的图像进行颜色的调节，从而得到更好的效果，如图 3.15 所示。

图 3.15

步骤 01 执行"文件 > 打开"命令，或按【Ctrl+O】组合键，打开素材文件"3-3.jpg"，接下来将对这张图像进行精确的水平翻转，如图 3.16 所示。

图 3.16

步骤 02 拖曳"背景"图层至"图层"面板下方的"创建新图层"按钮 上，新建"背景 副本"图层。双击"背景"图层，弹出"新建图层"对话框，单击"确定"按钮，将其转换为普通图层，按【Alt+Delect】组合键，填充为白色，如图 3.17 所示。

图 3.17

步骤 03 选择"背景 副本"图层，执行"编辑 > 变换 > 旋转"命令，要想在旋转时保持对象的比例不变，可以按住【Shift】键，再按住鼠标左键进行旋转，直至转到合适的角度，松开鼠标，按【Enter】键完成旋转操作，如图 3.18 所示。

步骤 04 想要对图像进行水平翻转，如果通过拖动鼠标把柄进行翻转，不太精确，可以执行"编辑 > 变换 > 水平翻转"命令，即可完成对图像的翻转，既快捷又轻松，如图 3.19 所示。

图 3.18　　　　　　　　　　　　　　　　　　　　图 3.19

步骤 05 现在图像已经进行了精确的水平翻转，下面将图像的风格改变一下，制作出一幅春意盎然、带有朦胧色感的人物写真照片。执行"图像 > 调整 > 色彩平衡"命令，弹出"色彩平衡"对话框，调节参数，如图 3.20 所示。

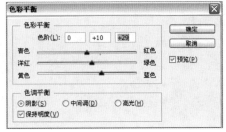

图 3.20

步骤 06 调整后，发现图像的颜色有些暗，执行"图像 > 调整 > 亮度/对比度"命令，弹出"亮度/对比度"对话框，调节参数，完成朦胧效果的制作，如图 3.21 所示。

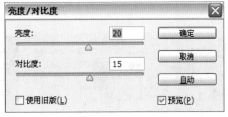

图 3.21

3.4　虚化杂乱的背景

　　在为人物拍摄婚纱照时，人们总是喜欢以好看的风景作为背景来拍照，可是有时拍出来的背景却过于抢眼，喧宾夺主，本案例将运用"高斯模糊"命令和图层蒙版达到虚化背景突出人物的目的，如图 3.22 所示。

图 3.22

步骤 01 首先打开需要淡化背景的照片，执行"文件 > 打开"命令，或按【Ctrl+O】组合键，打开素材文件"3-4.jpg"，如图 3.23 所示。

步骤 02 按【Ctrl+J】组合键，复制"背景"图层，新建"图层 1"图层，这样做目的是为了以后的操作，如图 3.24 所示。

图 3.23   图 3.24

步骤 03 选择"图层 1"图层，执行"滤镜 > 模糊 > 高斯模糊"命令，弹出"高斯模糊"对话框，调节参数，注意参数值不宜太大，这样可以使背景因为模糊的关系而淡化，如图 3.25 所示。

步骤 04 单击"图层"面板下方的"添加图层蒙版"按钮 ▣，为"图层 1"添加一个白色的蒙版。将前景色设置为黑色，使用工具箱中的画笔工具 ✎，在人物的身上进行涂抹，可以看到人物变得清晰，如图 3.26 所示。

图 3.25   图 3.26

步骤 05 将"图层 1"图层的不透明度降低一些，这样可以清楚看见人物的轮廓，有利于之后对人物的操作，如图 3.27 所示。

步骤 06 涂抹时要特别注意边缘区域，可以将画笔笔头调小后再涂抹。涂抹完成后，选择工具箱中的涂抹工具 ✎，将人物身上的杂草去除一些，如图 3.28 所示。

步骤 07 在涂抹的过程难免会出错，利用工具箱中的涂抹工具，稍微修饰一下，将"图层 1"图层的不透明度提高一些，完成淡化背景操作，效果如图 3.29 所示。

图 3.27

图 3.28

图 3.29

3.5　裁剪构图突出人物

由于受环境影响，拍照时不可能把背景换掉，有的人物照片拍出来后背景非常杂乱，在后期处理时可以适当换个背景。如果人物比较难抠出的话，可以将背景中杂乱的东西删除，本案例将讲述如何改变环境，使照片中的人物更加突出，如图 3.30 所示。

图 3.30

步骤 01 执行"文件 > 打开"命令，或按【Ctrl+O】组合键，打开素材文件"3-5.jpg"，图像中的背景杂乱不堪，影响美观。下面通过改变背景，让图像美观起来，如图 3.31 所示。

图 3.31

步骤 02 将"背景"图层解锁，转换为普通图层。双击"背景"图层，弹出"新建图层"对话框，单击"确定"按钮，将"背景"图层转换为普通图层，该图层的默认名称为"图层 0"，如图 3.32 所示。

图 3.32

步骤 03 选择工具箱中的圆角矩形工具 ▢，在图像上方显示出圆角矩形工具的选项栏，设置半径参数，半径越大，选框的角就越圆。设置完成后，在图像上框选出人物的区域，如图 3.33 所示。

步骤 04 执行"窗口＞路径"命令，打开"路径"面板，单击"路径"面板下方的"将路径作为选区载入"按钮 ▢，此时框选的区域变为选区，如图 3.34 所示。

图 3.33

图 3.34

步骤 05 执行"选择＞反向"命令，选择"图层 0"图层，按【Delete】键，将人物以外杂乱的背景删除，拖曳"形状 1"图层到"图层"面板下方的"删除图层"按钮 🗑 上，将"形状 1"图层删除，使人物显现出来，如图 3.35 所示。

图 3.35

步骤 06 单击"图层"面板下方的"创建新图层"按钮，新建"图层 1"图层，放置在"图层"面板最下方，按【Ctrl+T】组合键，填充白色，如图 3.36 所示。

3.6 增强照片的光源

　　本案例中的照片原本应该是温馨且浪漫的时刻，可是由于拍摄光线的原因，导致拍出来的照片没有浪漫的气氛，通过"曲线"命令和"亮度/对比度"命令可以对照片进行修饰，使照片变得梦幻且浪漫，如图 3.37 所示。

图 3.36

原　图　　　　　　　　　　　　　效果图

图 3.37

步骤 01 执行"文件 > 打开"命令，或按【Ctrl+O】组合键，打开素材文件"3-6.jpg"，下面为照片增加光源，使其看起来更加梦幻，如图 3.38 所示。

步骤 02 为了不破坏原图像，按【Ctrl+J】组合键，通过拷贝的图层，得到"图层 1"图层，在修图过程中要养成创建副本的习惯，如图 3.39 所示。

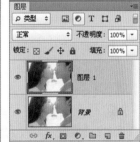

图 3.38　　　　　　　　　　　　　　　图 3.39

步骤 03 按【Ctrl+L】组合键，弹出"色阶"对话框，设置相关参数，然后单击"确定"按钮，增加照片的明暗对比度，如图 3.40 所示。

步骤 04 执行"图像 > 调整 > 曲线"命令，或按【Ctrl+M】组合键，弹出"曲线"对话框，分别调整 RGB 通道和"红"通道的参数，对照片的整体色调进行调整，如图 3.41 所示。

图 3.40   图 3.41

步骤 05 按【Ctrl+U】组合键，弹出"色相/饱和度"对话框，选择"着色"复选框，并且调整相关参数，改变图像的色调，如图 3.42 所示。

图 3.42

步骤 06 执行"图像 > 调整 > 亮度/对比度"命令，弹出"亮度/对比度"对话框，调整相关参数，改变图像的亮度和对比度效果，如图 3.43 所示。

图 3.43

3.7　用通道调色

RGB 模式的图像有 4 个通道，1 个复合通道即 RGB 通道，其他 3 个分别代表红色、绿色和蓝色通道，其中存储了图像的颜色信息。本案例将运用通道互换的方法，快速为图像打造出不同的色调，如图 3.44 所示。

图 3.44

步骤 01　执行"文件 > 打开"命令，或按【Ctrl+O】组合键，打开素材文件"3-7.jpg"，如图 3.45 所示。

步骤 02　在"通道"面板中，隐藏其他的通道，选择"红"通道，按【Ctrl+A】组合键全选，再按【Ctrl+C】组合键复制该通道的选区，如图 3.46 所示。

图 3.45　　　　　　　　　　　　　　　　　　图 3.46

步骤 03　选择"蓝"通道，按【Ctrl+V】组合键，粘贴刚才复制的选区。此时，图像没有发生变化，但可以看到 RGB 通道的通道缩略图变为了蓝色，如图 3.47 所示。

步骤 04　单击 RGB 通道上的指示通道可见性按钮，可以看到图像换了一种色调，然而图像色调的颜色偏重，以至于人物的皮肤颜色也发生了变化，如图 3.48 所示。

步骤 05　调整图像的整体色调。执行"图像 > 调整 > 色相/饱和度"命令，弹出"色相/饱和度"对话框，调整相关参数，完成后的效果如图 3.49 所示。

图 3.47　　　　　　　　　　　　图 3.48

图 3.49

步骤 06 运用同样的方法，替换其他的通道颜色，也会得到不同的效果，如图 3.50 所示。

3.8　洗掉面部油光

　　本案例中的人物因为面部油光的原因，导致照片很不美观，使用"可选颜色"命令和"液化"命令可以消除油光。这个方法非常简单实用，下面就用简单的几步轻松搞定面部油光，如图 3.51 所示。

步骤 01 按【Ctrl+O】组合键，打开素材文件"3-8.jpg"，将"背景"图层拖曳到"创建新图层"按钮 上，得到"背景 副本"图层，如图 3.52 所示。

步骤 02 单击"图层"面板下方的"创建新的填充或调整图层"按钮 ，在打开的下拉列表中选择"曲线"选项，提高明暗对比度，如图 3.53 所示。

图 3.50

原 图　　　　　　　　效果图

图 3.51

图 3.52　　　　　　　　　　　　　　　　　　　图 3.53

步骤 03 在"通道"下拉列表中选择"红"通道，参数设置如图 3.54 所示。

步骤 04 在"通道"下拉列表中选择"蓝"通道，参数设置如图 3.55 所示。

图 3.54　　　　　　　　　　　　　　　　　　　图 3.55

步骤 05 在"通道"下拉列表中选择"绿"通道，参数设置如图 3.56 所示，分别调整曲线红通道、蓝通道、绿通道，矫正因为色温不正确产生过黄的人物肤色。

步骤 06 单击"图层"面板下方的"创建新的填充或调整图层"按钮 ，在打开的下拉列表中选择"色相 / 饱和度"选项，降低照片饱和度，参数设置如图 3.57 所示。

图 3.56　　　　　　　　　　　　　　　　　　　图 3.57

步骤 07 单击"图层"面板下方的"创建新的填充或调整图层"按钮 ，在打开的下拉列表中选择"照片滤镜"选项，为照片增加暖色调，参数设置如图 3.58 所示。

步骤 08 单击"图层"面板下方的"创建新的填充或调整图层"按钮 ⦿，在打开的下拉列表中选择"可选颜色"选项，在"颜色"下拉列表中选择"红色"选项，参数设置如图 3.59 所示。

图 3.58　　　　　　　　　　　　　　　　　　图 3.59

步骤 09 在"颜色"下拉列表中选择"黄色"选项，设置参数，效果如图 3.60 所示。

步骤 10 在"颜色"下拉列表中选择"白色"选项，设置参数，效果如图 3.61 所示。

图 3.60　　　　　　　　　　　　　　　　　　图 3.61

步骤 11 在"颜色"下拉列表中选择"中性色"选项，设置参数，效果如图 3.62 所示。

步骤 12 在"颜色"下拉列表中选择"黑色"选项，设置参数，效果如图 3.63 所示。

图 3.62　　　　　　　　　　　　　　　　　　图 3.63

步骤 13 选中"背景 副本"图层，按【Ctrl+M】组合键，弹出"曲线"对话框，在"通道"下拉列表中选择"蓝"通道，参数设置如图 3.64 所示。

步骤 14 选择缩放工具，在人物脸部单击将脸部放大，观察图片发现人物面部有汗渍及斑点，影响整体美观，如图 3.65 所示。

图 3.64

图 3.65

步骤 15 选择仿制图章工具，按住【Alt】键使用仿制图章工具在人物面部没有瑕疵的地方单击，设置仿制图章工具的取样源，然后在人物面部单击修复瑕疵，如图 3.66 所示。

步骤 16 选中"背景 副本"图层，执行"滤镜 >Imagenomic>Portraiture"命令，用 Portraiture 滤镜对人物进行磨皮，让肤质看起来更细腻，参数设置如图 3.67 所示。

图 3.66

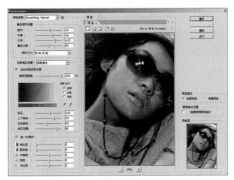

图 3.67

步骤 17 执行"滤镜 > 液化"命令，弹出"液化"对话框，单击"向前变形"按钮，设置参数并在图像上拖动，如图 3.68 所示。

步骤 18 单击"图层"面板下方的"创建新的填充或调整图层"按钮，在打开的下拉列表中选择"可选颜色"选项，在"颜色"下拉列表中选择"黑色"选项，参数设置如图 3.69 所示。

图 3.68

图 3.69

步骤 19 在"颜色"下拉列表中选择"黄色"选项，设置参数，效果如图 3.70 所示。

步骤 20 在"颜色"下拉列表中选择"白色"选项，设置参数，效果如图 3.71 所示。

图 3.70

图 3.71

步骤 21 在"颜色"下拉列表中选择"中性色"选项，设置参数，效果如图 3.72 所示。

步骤 22 选择魔棒工具 ，在工具选项栏中取消选择"连续"复选框，将"容差"设置为 50，在页面中单击创建选区，如图 3.73 所示。

图 3.72

图 3.73

步骤 23 单击"图层"面板下方的"创建新的填充或调整图层"按钮 ，在打开的下拉列表中选择"曲线"选项，参数设置如图 3.74 所示。

步骤 24 选择缩放工具 ，单击人物脸部将脸部放大，如图 3.75 所示。

图 3.74

图 3.75

步骤 25 选择仿制图章工具 🔖，按住【Alt】键使用仿制图章工具在人物面部没有瑕疵的地方单击，设置仿制图章工具的取样源，然后在人物面部单击修复瑕疵，如图 3.76 所示。

步骤 26 单击"图层"面板下方的"创建新的填充或调整图层"按钮 🔘，在打开的下拉列表中选择"色阶"选项，设置参数。

　　至此，本案例就制作完成，最终效果如图 3.77 所示。

图 3.76　　　　　　　　　　　　　　图 3.77

3.9　去掉人物的黑眼袋

　　本案例中人物的黑眼袋影响整体图像的美观，可以使用"多边形套索工具"和"涂抹工具"轻松去除黑眼袋，使图像变得美观，主要注重培养用户对细节的追求和精益求精的品质，如图 3.78 所示。

图 3.78

步骤 01 执行"文件 > 打开"命令，或按【Ctrl+O】组合键，打开素材文件"3-9.jpg"，可以看到人物眼睛部位有黑眼袋，如图 3.79 所示。

步骤 02 拖曳"背景"图层至"图层"面板下方的"创建新图层"按钮 🔲 上，新建"背景 副本"图层，使用工具箱中的多边形套索工具 ✎，选取人物眼部下面的黑眼袋部分，如图 3.80 所示。

图 3.79　　　　　　　　　　　　　　图 3.80

步骤 03 执行"选择 > 修改 > 羽化"命令，弹出"羽化选区"对话框，设置"羽化半径"为 5 像素，单击"确定"按钮，完成羽化效果，这样做是为了以后使眼部的皮肤过渡自然一些，如图 3.81 所示。

步骤 04 移动选区到人物脸部其他皮肤的部位，按【Ctrl+C】组合键，单击"图层"面板下方的"创建新图层"按钮，新建"图层 1"图层，按【Ctrl+V】组合键，如图 3.82 所示。

图 3.81

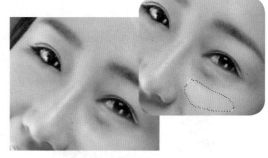

图 3.82

步骤 05 选择"图层 1"图层，将其移动到人物眼部黑眼袋的位置，盖住黑眼圈，将不透明度降低，可以看到消除了黑眼袋。再使用工具箱中的涂抹工具，在眼部周围进行涂抹，使皮肤的颜色融合一些，如图 3.83 所示。

步骤 06 使用同样的方法，对左眼的黑眼袋进行消除，完成后的效果如图 3.84 所示。

图 3.83

图 3.84

3.10 去除皱纹重现青春

随着时间的流逝，青春也逐渐不在，看着眼角皱纹的出现，人们可能连照相的心情都没有了。本案例中人物的皱纹无疑破坏了拍照的好心情，可以使用"计算工具"和"蒙尘与划痕"滤镜使人物重现青春的亮丽，如图 3.85 所示。

步骤 01 执行"文件 > 打开"命令，或按【Ctrl+O】组合键，打开素材文件"3-10.jpg"，可以看到人物的面部有皱纹，如图 3.86 所示。

图 3.85

步骤 02 拖曳"背景"图层至"图层"面板下方的"创建新图层"按钮◳上，新建"背景 副本"图层，如图 3.87 所示。

图 3.86　　　　　　　　　　　　　图 3.87

步骤 03 单击工具箱下方的"以快速蒙版模式编辑"按钮◙，切换至蒙版模式。选择工具箱中的画笔工具 ✎，按鼠标右键设置笔头大小和强度，在人物面部有皱纹的地方进行细致涂抹，如图 3.88 所示。

步骤 04 单击工具箱下方的"以快速蒙版模式编辑"按钮◙，切换回正常模式。按【Ctrl+Shift+I】组合键进行反选（皱纹部分被选中），如图 3.89 所示。

图 3.88　　　　　　　　　　　　　图 3.89

步骤 05 执行"滤镜 > 蒙尘与划痕"命令，在弹出的对话框设置去划痕参数，注意参数不要设置得太大，否则去皱纹效果不真实，如图 3.90 所示。

步骤 06 单击"通道"面板下方的"将选区存储为通道"按钮◙，保存该选区通道。下面使用通道计算的方式让皮肤纹理显得更加真实，如图 3.91 所示。

步骤 07 执行"图像 > 计算"命令，弹出"计算"对话框，设置参数如图 3.92 所示，单击"确定"按钮，效果如图 3.93 所示。

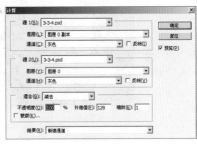

图 3.90　　　　　　　　　图 3.91　　　　　　　　　图 3.92

步骤 08 按【Ctrl+C】组合键复制 Alpha 2 通道的选区，然后返回"图层"面板，选择"图层 0"图层（背景图层），按【Ctrl+V】组合键粘贴，如图 3.94 所示。

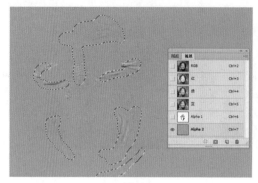

图 3.93 图 3.94

步骤 09 执行"图像 > 反向"命令，将图像色调反向。然后执行"图像 > 调整 > 色阶"命令，弹出"色阶"对话框，设置参数如图 3.95 所示。

步骤 10 在"图层"面板中设置最上层的图层的"不透明度"为 24，如图 3.96 所示。

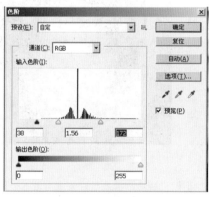

图 3.95 图 3.96

步骤 11 在"图层"面板中设置图层 1 的混合模式为"叠加"，设置"不透明度"为 80，如图 3.97 所示。此时不仅皮肤变得非常真实（有皮肤本身的纹理），而且皱纹也被有效地消除，如图 3.98 所示。

图 3.97 图 3.98

3.11　快速美白肤色

　　Photoshop 软件具有非常强大的功能，在图像的处理方面非常实用。日常生活中，很多人向往白皙的肌肤，通过使用 Photoshop 中的相应工具，就能帮助图像中的人物达成愿望，使其拥有白皙的肤色。本案例将运用"通道"面板和图层混合模式快速美白肤色，如图 3.99 所示。

图 3.99

步骤 01 执行"文件 > 打开"命令，或按【Ctrl+O】组合键，打开素材文件"3-11.jpg"，可以看到人物的肤色有些暗红，如图 3.100 所示。

步骤 02 按【Ctrl+J】组合键，复制"背景"图层，新建"图层 1"图层，单击"图层"面板下方的"创建新图层"按钮，新建"图层 2"图层，如图 3.101 所示。

图 3.100　　　　　　　　　　　　　　　　图 3.101

步骤 03 执行"窗口 > 通道"命令，打开"通道"面板，按住【Ctrl】键的同时单击 RGB 通道的通道缩略图，选择该通道的选区，按【Ctrl+C】组合键，复制选区，如图 3.102 所示。

步骤 04 切换到"图层"面板，选择"图层 2"图层，按【Ctrl+V】组合键，粘贴刚才复制的选区，将前景色设置为白色，如图 3.103 所示。

图 3.102　　　　　　　　　　　　　　　　图 3.103

步骤 05 按住【Ctrl】键的同时单击"图层 2"图层的图层缩略图，选择该图层的选区。按【Alt+Delect】组合键，为选区填充白色，按【Ctrl+D】组合键取消选区，效果如图 3.104 所示。

步骤 06 此时的人物虽然已经白皙起来，但看上去不太自然，下面再稍做修饰，选择"图层 1"图层，将该图层的混合模式设置为"滤色"。选择"图层 2"图层并降低不透明度，完成后的效果如图 3.105 所示。

图 3.104　　　　　　　　　　　　　图 3.105

3.12　暗沉肌肤的美白

　　随着时光的流逝，肌肤变得暗淡无光，再也找不回从前白皙细嫩的肌肤，利用 Photoshop 软件可以让暗沉的肌肤重现以前亮白的光彩。本案例将运用"添加杂色"命令实现对暗沉肌肤的美白效果，轻松几步搞定烦恼，如图 3.106 所示。

图 3.106

步骤 01 执行"文件 > 打开"命令，或按【Ctrl+O】组合键，打开素材文件"3-12.jpg"，可以看到人物的肤色暗淡没光彩，如图 3.107 所示。

步骤 02 按【Ctrl+J】组合键，复制"背景"图层，新建"图层 1"图层，为下一步人物肌肤的美白效果打好基础，如图 3.108 所示。

图 3.107　　　　　　　　　　　　　图 3.108

步骤 03 选择"图层 1"图层，将该图层的混合模式设置为"滤色"，对整体图像进行提亮，降低不透明度，使人物皮肤不要过于白皙，看起来更自然，如图 3.109 所示。

图 3.109

步骤 04 现在图像中人物暗沉的肌肤已经美白了，不过还要对人物的肤色进行调整，使其看起来红润一些。执行"图像 > 调整 > 色相/饱和度"命令，弹出"色相/饱和度"对话框，调整参数，如图 3.110所示。

图 3.110

步骤 05 此时，对人物的美白修饰基本完成，如果通过上述步骤还没有达到想要的效果，可以执行"图像 > 调整 > 亮度/对比度"命令，弹出"亮度/对比度"对话框，调整参数，如图 3.111 所示。

图 3.111

步骤 06 本案例不仅要注意美白，还要注意皮肤的质感，执行"滤镜 > 杂色 > 添加杂色"命令，在弹出的对话框中选择"平均分布"单选按钮，并选择"单色"复选框，调整参数，完成后的效果如图 3.112 所示。

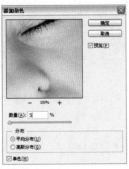

图 3.112

3.13 独特的单色调风格

看惯了花花绿绿鲜艳的颜色，偶尔体会一下单色调的风格，也别有一番风味，在众多的照片中也显得很独特。本案例将讲述如何运用简单的命令，将原本丰富鲜艳的照片转换为独特的单色调风格，如图 3.113 所示。

步骤 01 执行"文件 > 打开"命令，或按【Ctrl+O】组合键，打开素材文件"3-13.jpg"，如图 3.114 所示。

  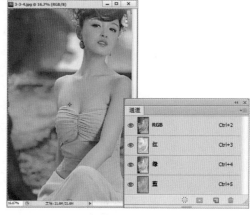

图 3.113　　　　　　　　　　　　　　　　图 3.114

步骤 02 执行"图像 > 模式 >CMYK 模式"命令，得到"图层 1"图层，拖曳"图层 1"图层至"图层"面板下方的"创建新图层"按钮 上，新建"图层 1 副本"图层，设置该图层的混合模式为"色相"，如图 3.115 所示。

步骤 03 执行"编辑 > 填充"命令，弹出"填充"对话框，设置"使用"为"50％灰色"，单击"确定"按钮，如图 3.116 所示。

图 3.115　　　　　　　　　　　　　　　　图 3.116

步骤 04 单击"图层"面板下方的"创建新组"按钮 ，拖曳"图层 1"图层和"图层 1 副本"图层到"组 1"中，将该组的混合模式设置为"饱和度"，如图 3.117 所示。

步骤 05 按【Ctrl+Alt+Shift+E】组合键盖印图层，形成"图层 2"图层，执行"图像 > 模式 >RGB 模式"命令，效果如图 3.118 所示。

图 3.117　　　　　　　　　　　　　　　　　　　图 3.118

步骤 06 单击"图层"面板下方的"创建新的填充或调整图层"按钮 ◑.，在打开的下拉列表中选择"色彩平衡"选项，弹出"属性"对话框，任意调节参数，选择喜欢的颜色，形成独特的单色调风格，如图 3.119 所示。

图 3.119

3.14　去掉新娘脸上的痣

　　人物脸上的黑痣等瑕疵可能会在一定程度上影响人物的面貌，使用仿制图章工具和修补工具，只需简单几步即可解决黑痣的烦恼，让人物完美起来，如图 3.120 所示。

步骤 01 执行"文件 > 打开"命令，或按【Ctrl+O】组合键，打开素材文件"3-14.jpg"，如图 3.121 所示。

图 3.120　　　　　　　　　　　　　　　　　　图 3.121

步骤 02 按【Ctrl+J】组合键，复制"背景"图层，新建"图层 1"图层，这样做的目的是为了以后的操作，如图 3.122 所示。

步骤 03 可以选择工具箱中的修补工具 ，选择较小的痣，然后将选区向光滑的部分拖曳，将黑痣替换掉，然后取消选区，如图 3.123 所示。

图 3.122

步骤 04 按【Ctrl++】组合键将图像变大，选择工具箱中的仿制图章工具 ⬙，设置相关参数后，按住【Alt】键，在人物脸上有痣的地方的旁边单击进行取样，然后在黑痣上面单击取消黑痣，如图 3.124 所示。

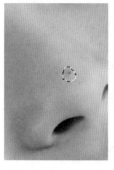 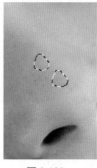 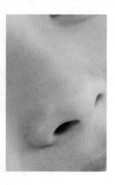 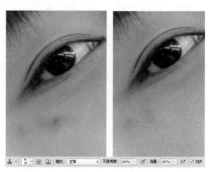

图 3.123 　　　　　　　　　　　　　　　　　　　　　　图 3.124

步骤 05 修复人物的面部后，可以发现人物的面部颜色有些发绿，执行"图像 > 调整 > 色彩平衡"命令，在弹出的"色彩平衡"对话框中设置相关参数，然后单击"确定"按钮，消除人物脸部的绿色，如图 3.125 所示。

步骤 06 将文件进行保存，最终效果如图 3.126 所示。

 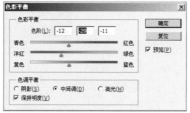 

图 3.125 　　　　　　　　　　　　　　　　　　　　图 3.126

3.15 　制作柔和肌肤

　　有时候人物的皮肤比较粗糙，拍出来的照片会影响整体的美感，因此就需要在后期改善皮肤的质感，使其看起来更加柔和。本案例中人物的皮肤有些粗糙，没有光泽，通过利用"减淡工具"和"曲线"命令，将其变得比较柔和，如图 3.127 所示。

步骤 01 执行"文件 > 打开"命令，或按【Ctrl+O】组合键，打开素材文件"3-15.jpg"，可以看到人物的肤色有些粗糙，如图 3.128 所示。

图 3.127 　　　　　　　　　　　　　　　　　　　　图 3.128

步骤 02 选择快速选择工具，将人物的面部及颈部等皮肤设置为选区，然后复制选区，得到"图层 1"图层，如图 3.129 所示。

步骤 03 执行"滤镜 > 锐化 > 智能锐化"命令，弹出"智能锐化"对话框，设置相关参数，增强图像的清晰度，如图 3.130 所示。

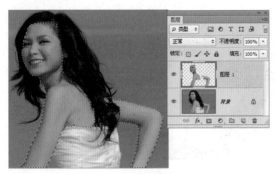

图 3.129　　　　　　　　　　　　　　　　　图 3.130

步骤 04 按【Ctrl+M】组合键，弹出"曲线"对话框，设置"通道"为 RGB，调整曲线形状；再设置"通道"为"红"，调整曲线形状，单击"确定"按钮，消除脸部的红褐色，调高皮肤的亮度，如图 3.131所示。

图 3.131

步骤 05 在工具箱中选择减淡工具，在选项栏中设置相关参数，在人物面部局部进行涂抹，使人物皮肤更加均匀，如图 3.132 所示。

步骤 06 执行"图像 > 调整 > 亮度/对比度"命令，在弹出的对话框中设置"亮度"为 2，"对比度"为23，提高肤色的亮度，使其表现出大海中阳光直射的效果，如图 3.133 所示。

图 3.132　　　　　　　　　　　　　　　　　图 3.133

3.16 改变瞳孔的颜色

有些人想要戴上彩色隐形眼镜，尝试改变瞳孔的颜色，可是又怕眼睛受伤害。没关系，可以用自己的人像照片来做实验，想换什么颜色都没问题。本案例运用"椭圆选框工具"和"图层蒙版"为人像的瞳孔改变颜色，增添一股魔幻的魅力，如图 3.134 所示。

图 3.134

步骤 01 执行"文件 > 打开"命令，或按【Ctrl+O】组合键，打开素材文件"3-16.jpg"，下面来改变人像瞳孔的颜色，如图 3.135 所示。

图 3.135

步骤 02 按【Ctrl+J】组合键，复制"背景"图层，新建"图层 1"图层，使用工具箱中的椭圆选框工具，按【Ctrl++】组合键，将图像变大，选取人物眼珠的部分，选择一个大致选区即可，不需要太精确，如图 3.136 所示。

步骤 03 按【Ctrl+D】组合键，取消选区，选择"图层 1"图层，将该图层的混合模式设置为"颜色"，此时，可以看到瞳孔被染成蓝色，如图 3.137 所示。

图 3.136   图 3.137

步骤 04 单击"图层"面板下方的"创建新图层"按钮，新建"图层 1"图层，将前景色设置为蓝色，按【Alt+Delete】组合键，为眼珠填充蓝色，如图 3.138 所示。

图 3.138

步骤 05 现在要将瞳孔以外的蓝色擦掉，单击"图层"面板下方的"添加图层蒙版"按钮，为该图层建立一个白色的图层蒙版，选择黑色画笔将瞳孔外的蓝色擦掉，如图 3.139 所示。

图 3.139

步骤 06 完成操作后，瞳孔的颜色已经改变，但是感觉颜色有些太浓，将该图层的不透明度适当降低，完成制作，效果如图 3.140 所示。

图 3.140

3.17　修补脸型

拥有巴掌大小的鹅蛋脸，相信是许多人梦寐以求的，可是瘦脸却并不容易。本案例照片中人物的脸型不太好看，可以使用"液化"命令，轻轻一推即可将人物修改为漂亮的美人脸，如图 3.141 所示。

图 3.141

步骤 01 执行"文件 > 打开"命令，或按【Ctrl+O】组合键，打开素材文件"3-17.jpg"。这张照片中人物的脸型为圆脸，与发型不相符，下面将人物的脸型更改为圆脸，如图 3.142 所示。

步骤 02 拖曳"背景"图层至"图层"面板下方的"创建新图层"按钮■，新建"背景 副本"图层，或者按【Ctrl+J】组合键，复制"背景"图层，新建"图层 1"图层，如图 3.143 所示。

图 3.142   图 3.143

步骤 03 执行"滤镜 > 液化"命令，弹出"液化"对话框，选取向前变形工具，在右侧工具选项栏中设置相关参数，然后在人物的左侧脸部向里拖动鼠标，使人物的脸部变瘦，如图 3.144 所示。

步骤 04 按照同样的方法，改变另外半边脸的形状，使人物的脸部形状相互对称。在改变过程中，可以根据需要随时改变画笔的大小及压力，如图 3.145 所示。

图 3.144   图 3.145

步骤 05 同时，还可以利用该工具和膨胀工具 ◈ 改变人物眼睛的形状，使其眼睛变大，鼻梁更高，然后单击"确定"按钮确认操作，如图 3.146 所示。

步骤 06 利用加深工具在人物的唇部涂抹，使唇部颜色更加红润。至此，人物的面部修整操作完成，效果如图 3.147 所示。

图 3.146   图 3.147

3.18　改变整体色调

在拍摄照片的过程中，不能改变背景的颜色，可是拍出来的照片色调又不太满意，此时就需要对照片进行后期的处理。本案例主要运用"色彩平衡"命令，改变照片的整体色调，调出满意的色调，如图 3.148 所示。

图 3.148

步骤 01 执行"文件 > 打开"命令，或按【Ctrl+O】组合键，打开素材文件"3-18.jpg"，如图 3.149 所示。

步骤 02 按【Ctrl+J】组合键，复制"背景"图层，新建"图层 1"图层，如图 3.150 所示。

图 3.149

图 3.150

步骤 03 执行"图像 > 调整 > 色相/饱和度"命令，弹出"色相/饱和度"对话框，调整参数，如图 3.151 所示。

步骤 04 选择"图层 1"图层，执行"图像 > 调整 > 色彩平衡"命令，弹出"色彩平衡"对话框，调整参数，使图像的色调变为黄色，如图 3.152 所示。

图 3.151　　　　　　　　　　　　　　　　图 3.152

步骤 05 选择"图层 1"图层，设置该图层的混合模式为"颜色"，如图 3.153 所示。

步骤 06 执行"图像 > 调整 > 亮度/对比度"命令，弹出"亮度/对比度"对话框，调整参数，完成后的效果如图 3.154 所示。

图 3.153 图 3.154

3.19 更改唇色

大家都知道，不同的唇色给人带来的感觉是不一样的，利用 Photoshop 能够改变人物的唇色。本案例将使用"快速选择工具"和"色阶"命令快速为人像照片改变唇色，从而挑选出一种适合自己的嘴唇颜色，如图 3.155 所示。

图 3.155

步骤 01 执行"文件 > 打开"命令，或按【Ctrl+O】组合键，打开素材文件"3-19.jpg"，下面为人物改变一种口红的颜色，如图 3.156 所示。

步骤 02 使用工具箱中的快速选择工具 ，将图像中人物的双唇选取出来，选取时按住【Alt】键，将人物牙齿的部分减选出来，如图 3.157 所示。

图 3.156 图 3.157

步骤 03 单击"图层"面板下方的"创建新的填充和调整图层"按钮，在打开的下拉列表中选择"色阶"选项，如图 3.158 所示。

步骤 04 执行"选择 > 修改 > 羽化"命令，弹出"羽化选区"对话框，设置"羽化半径"为 2 像素，注意不要将该值设置得过大，稍微柔化一下唇形，但仍维持明显的唇形，如图 3.159 所示。

图 3.158　　　　　　　　　　　　　　　　　　图 3.159

步骤 05 在打开的色阶调整面板中，选择某一通道调整色阶，即可调整人物嘴唇的颜色。例如，如果要调整为紫红色，可切换到"绿"通道，让绿色的暗部变暗，颜色就可以偏向紫红色，如图 3.160 所示。

步骤 06 用色阶调整好唇色后，如果觉得嘴唇的颜色太重，可以降低不透明度，如图 3.161 所示。

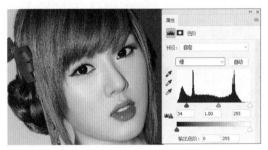

图 3.160　　　　　　　　　　　　　　　　　　图 3.161

3.20　打造神秘的烟熏妆

天然的素颜固然好看，可是人们偶尔也会想让自己有种不一样的感觉。本案例使用"套索工具"和"图层蒙版"搭配应用，为人像打造神秘的烟熏妆效果，使人物增加一股魔幻的魅力，如图 3.162 所示。

步骤 01 执行"文件 > 打开"命令，或按【Ctrl+O】组合键，打开素材文件"3-20.jpg"，如图 3.163 所示。

步骤 02 按【Ctrl++】组合键将图像放大，使用工具箱中的套索工具 ，将人物的眼睛选取出来，首先沿着一只眼睛的轮廓绘制出选区，然后按住【Shift】键不放绘制另一只眼睛的轮廓选区，如图 3.164 所示。

步骤 03 单击"图层"面板下方的"创建新图层"按钮 ，新建"图层 1"图层，按【Ctrl+V】组合键，粘贴刚才复制的选区。将前景色设置为淡蓝色，按【Alt+Delete】组合键 3 次，在选区内填充前景色，如图 3.165 所示。

步骤 04 执行"选择 > 修改 > 羽化"命令，弹出"羽化选区"对话框，将"羽化半径"的值设置得稍微大一些，单击"确定"按钮。按【Ctrl+C】组合键，复制选区，如图 3.166 所示。

图 3.162

图 3.163

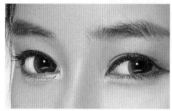

图 3.164

图 3.165

图 3.166

步骤 05 将"图层 1"的混合模式设置为"颜色加深"，降低不透明度，使填充的颜色融入眼睛中。可以看到眼睛里面都变成了蓝色，现在需要修饰一下眼珠的颜色，单击"图层"面板下方的"添加蒙版"按钮 ，为该图层建立一个图层蒙版，如图 3.167 所示。

图 3.167

步骤 06 将前景色设置为黑色，使用工具箱中的画笔工具 ，涂抹眼珠的部分，露出以前的颜色。执行"图像 > 调整 > 色相/饱和度"命令，弹出"色相/饱和度"对话框，可以任意调节适合的颜色，如图 3.168 所示。

图 3.168

人物质感高级修图技术

第

4

章

4.1　质感修图的目的

本节主要讲解人像质感修图的目的，它也是评判一幅照片调整得好坏的标准。需要注意的是，每幅图像都有其自身的特点，在遵循修图基本目的的前提下，只有结合图像本身的特性才能调整出好的作品，如图 4.1 所示。

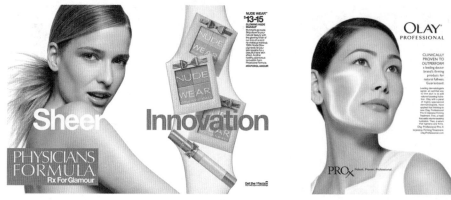

图 4.1

在图像的修整中并非漫无目的，在修调的过程中需要做到以下几个方面，才能称之为好的作品，即人物真实自然、素描关系完整、立体空间突出、比例关系协调及足够的清晰度，如图 4.2 所示。

图 4.2

4.1.1　人物真实自然

在人像修调的过程中，主要包含以下几个方面：人物皮肤的处理、身形的液化、肤色的调整及整体色调的调整等。不论是那些方面的修调，始终需要注意的一点是，人物修调最终的结果不可以失真，也就是说修调后的人像看起来应该是真实的、自然的。例如，在皮肤处理方面，并非将人物的皮肤处理得越白、越光滑越好，而应最大限度地保留皮肤的质感，并且将人物调整出健康自然的肤色。使用"液化"命令调整时也是如此，应该遵循人体的结构对形体做适度的调整，如图 4.3 所示。

图 4.3

4.1.2　素描关系完整

在质感修图中，不得不提到的一个概念就是图像本身的素描关系。有经验的修图师通常会注意到这样一个规律，一张修调比较好的照片，不论是在有色的情况下还是在去色的情况下，看起来都是非常干净漂亮，也就是所谓的素描关系完整。图像修调最大的难点也就在于这里，就是光影的修整和素描关系的调整，如图 4.4 所示。

图 4.4

4.1.3　立体关系突出

图像修整中除了基础的修调，还应该注重图像本身立体关系的塑造，这样修调出来的照片才更有厚重感和层次感，如图 4.5 所示。

图 4.5

4.1.4　比例关系协调

在图像的修整中往往会涉及二次构图的问题，这就不得不提到画面中各个素材的比例关系。在画面中，需要做的是使画面的主体突出，其余素材的出现应当起到很好地映衬主题的作用。

4.1.5　足够的清晰度

对图像的修调首先应建立在不破坏图像本身清晰度的前提下，除了照片本身需要模糊处理的部分，应该在最大限度上保留图像本身应有的细节。尤其在人像的后期修调过程中，除了初步的瑕疵及穿帮的修整，在皮肤处理方面通常会保持皮肤应有的质感，这就要求在修调时不能破坏图像本身的像素，保持画面应有的清晰度。甚至，为了体现人像摄影中人像本身的精致唯美的感觉，往往还需要在人物的眼睛及睫毛部位进行适度的锐化处理，这样做的主要目的在于使其细节部分体现得更加完美，如图 4.6 所示。

图 4.6

4.2 压暗照片观察效果

在质感修图中，修图师通常会先将照片压暗处理后再进行修整，这样做的最大好处在于可以使人物面部的细小瑕疵被明显地呈现出来，因此在修整的过程中会更加细致。

4.2.1 用黑白观察图层（先素描再彩色）

在这里给大家讲解一个小技巧，是关于添加黑白观察图层的相关知识：一张完美的图像不论在彩色还是黑白的情况下，看起来都应该是很完美的感觉。当把彩色照片转换成黑白模式来观察时，如果效果不是很好，一般情况下说明该图像的素描关系是有问题的。其原理就是遵循了先素描再彩色的原则，在此过程中首先要抛开色彩的干扰，对其素描关系进行调整，然后再转为彩色的模式进行修调，这样修调出来的图像才是完美的，如图 4.7 所示。

图 4.7

要学会根据光源找出画面中的高低点，只有掌握高低点原理才能准确地找出画面中的立体面，也就是凹凸的部分，这是增加图像立体感与层次感的先决条件。然后进行下一步操作，将凸起来的部分进行减淡处理，相反，将凹进去的部分进行加深处理。

4.2.2 修图要先去色（观察素描关系）

在修图的过程中，之所以会做去色处理，是因为方便修图师更好地观察图像的素描关系。一幅照片的好坏除瑕疵穿帮之类的修调外，最主要的要看图形本身的素描关系是否正确。这就需要首先进行去色操作。正常情况下明暗过渡不应过于生硬，在图像中尽量少地出现明显的黑或者明显的白，使其过渡呈现平滑的趋势，在这个原则的基础上进行光影的刻画。但在操作的过程中，应该按照人物面部轮廓来修调，不能破坏人物面部本身的结构，如图 4.8 所示。

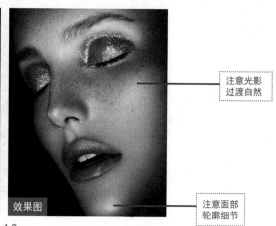

注意光影过渡自然

注意面部轮廓细节

图 4.8

4.2.3　压暗图片（素颜观察更多细节）

　　当图像过亮时，无法看到图像中存在的细小的瑕疵，尤其在人像修图中需要通过调整曲线的方式压暗亮度，使图像中更细微的瑕疵也能被清楚地呈现出来。也是就通常所说的：素颜可以观察出更多的细节。在画面瑕疵修调完毕重新恢复其亮度后，整体画面会呈现出更加精致的视觉效果，如图 4.9 所示。

4.2.4　加强细节层次

　　图像中一般分为亮部区域、中间调和暗部区域 3 部分，一幅好的照片不论高光部分

图 4.9

也好，暗部区域也罢，其细节应该被完整地体现出来，既不能因为过曝丢失了细节，也不能因为过暗导致细节缺失。因此，在操作过程中，尤其应该注意对细节部分的保留，或者通过适当的方式加强细节的层次感，使整张图像看起来更加丰富，如图 4.10 所示。

▲细节层次的强化

▲高光区域

▲中间调

▲暗部区域

图 4.10

4.3 明暗关系

图像在修调中还应该注意调整其明暗关系，以此增强图像本身的质感与厚度。通过明暗关系的调整使整体画面看起来更富有层次感与立体感。

4.3.1 添加黑白图层的必要性

很多读者会疑惑为什么在修图的过程中要建立黑白观察图层，在这里给大家简单讲解一下其中的缘故。首先，黑白亮色可以提高修调师对画面的造型能力和光影的塑造能力，因此可以将所有的照片转换成黑白模式之后再细致观察，最终在黑白模式中将素描关系进行强化，这是其基本的原理。在完成以上操作后，再将其转换回彩色模式进行调色，如图 4.11 所示。

图 4.11

4.3.2 关于 DB 修图

所谓的 DB 修图，是指双曲线和中性灰的修图方式。这种方法的核心就是 dodge&burn（加深/减淡），与以前的计算磨皮类似。但是并不是所有的照片都适合用双曲线和中性灰修图，在人像摄影后期修图中最常见的就是通道、磨皮和图章的使用，而 DB 修图更适合于样片的修调。无论是怎样的修图，首先应该明白修图的目的是光影和素描关系的修调。DB 修图最基本的原理是通过加深/减淡的处理，达到修整图像的目的。其中 D 代表加深的意思，B 代表减淡的意思。在修图的过程中，往往需要借助观察图层，它主要由两部分构成，分别是去色和对比。通过利用 50% 灰或者双曲线强化整体及局部的光感，这样的操作实际上也就是在调整素描关系，调整立体感及厚重感。

4.4　人物修图的基本程序

修图并非是漫无目的的一个过程，需要对其基本程序加以了解，在此基础上结合图像本身的特点才能做出好的作品。

所谓人物修图，不能仅仅狭隘地理解为修皮肤，它更是对图像光影的修整。要想修整出好的照片，第一步要做的首先要学会看照片。这里所谓的看照片是指学会去发现画面中存在的问题，只有看到了其中存在的种种问题，才能有针对性地加以调整。这不仅仅是一个细心观察的过程，也是修图师认真思考的一个过程。一幅图像的修调不仅包含了对于照片本身的理解与体会，更多的是通过对其调整，将拍摄者希望表达的情感很好地融入其中。下面介绍人物修图的基本步骤，如图 4.12 所示。

首先需要做的是对照片整体色温及灰度的校正，只有正确的色温及适当的对比度和清晰度，才能保证一张照片拥有健康的品质，这是进行精修的基础。这一步的主要工作可以在 Camera Raw 或者 Lightroom 中完成。在保证色温与曝光正常的情况下再进行下一步的修调。在图像的原始格式中对其色温及曝光进行调整，因为一旦转换成 JPEG 格式以后，偏色与曝光不准的情况是十分难调整的。

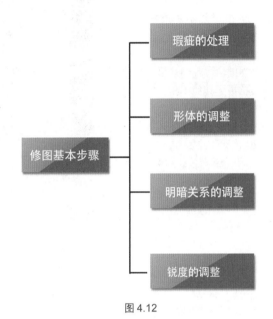

图 4.12

基础瑕疵及穿帮的修饰：一幅好的照片应该注意细节部分，尤其是明显的瑕疵及穿帮会严重影响画面的美感，因此在精细处理前必须消除基本的瑕疵和穿帮问题。这一过程中常用到的工具有裁切工具、图章工具和修图画笔工具等。

形体五官的调整：在对图像进行精修前做好液化工作，只有这样才能保证精修后的像素不被破坏。当精修完成后再对图像中的细节部分加以微调，这样可以使图像看起来更加精致与唯美。

精细的质感修复：这是一个很费时间的过程，同样也是极其精细的一项工作。在此过程中可以使用双曲线及 50% 灰度（中灰度）对皮肤进行深层次的打磨，这是打造完美肤质关键性的一道程序。同样也是极其考验基本功的一道程序，在这一步中除了考验修图师对图像本身的认识与理解外，也是对修图师眼光、耐心及毅力的一个综合考验。

光影强化及五官轮廓立体感的塑造：这一步中要求修图师对人物的素描关系有一个非常清晰的认识，只有这样才能塑造出立体感、层次感十足的人像。在高品质的平面摄影作品中，对画面立体感的需求是毋庸置疑的，除了前期摄影师的努力，后期修图师还需要在原有图像的基础上手动绘制出图像的立体感和节奏感。只有这样才能让画面在具备完美质感的同时，又具备无懈可击的厚重感。

4.5　瑕疵处理

　　图像修调的过程本身也是修图师不断思考的一个过程，当拿到一张照片后，首先应该对图像中的瑕疵及穿帮部分进行处理。那么这里有一个问题，什么是瑕疵呢？告诉大家一个最简单的分辨方法，

画面中所有素材的出现只有一个目的，就是服务于画面主体。因此需要做的是修掉所有影响画面视觉效果的因素，甚至当一些素材的出现并不能很好地体现主题时，也应该斟酌是否将其保留。

　　在棚拍过程中，摄影师往往都会拍摄到其他不相干的道具等物体。观察素材图就会发现素材上还有拍道具，那么本节案例就使用矩形选框工具和修补工具对画面进行修整，如图 4.13 所示。

原 图　　　　　　　效果图

图 4.13

步骤 01 执行"文件 > 打开"命令，在弹出的对话框中打开素材"4-5.jpg"，按【Ctrl+J】组合键，复制"背景"图层，如图 4.14 所示。

步骤 02 穿帮修整。将刚刚复制的图层名称修改为"穿帮处理"，单击工具箱中的"矩形选框工具"按钮，在图像中完好的区域进行框选，选区建立完成后，按【Ctrl+T】组合键进行自由变换，向穿帮的地方进行拉取，将穿帮部分进行修整。修整完成后，按【Enter】键确定，继续按【Ctrl+D】组合键取消选区，如图 4.15 所示。

图 4.14　　　　　　　　　　　　　　图 4.15

步骤 03 使用上述同样的方法将其他地方进行修补，如图 4.16 所示。

图 4.16

步骤 04 瑕疵修整。盖印可见图层，将盖印的图层名称修改为"瑕疵修整"，单击工具箱中的"修补工具"按钮，将图像中的瑕疵进行圈选，拖曳到旁边完好的图像中，将其进行修整，效果如图 4.17 所示。

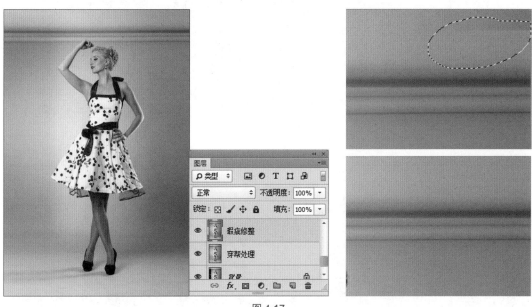

图 4.17

步骤 05 穿帮修整。盖印可见图层，将盖印的图层名称修改为"头顶穿帮处理"。使用上述同样的方法将其进行修整，如图 4.18 所示。

步骤 06 添加"色阶"调整图层，设置色阶参数，选择色阶蒙版，按【Ctrl+I】组合键进行反向，利用白色柔角画笔在人物腿部进行涂抹，效果如图 4.19 所示。

图 4.18

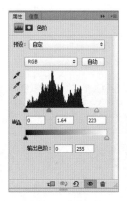

图 4.19

步骤 07 提亮肤色。继续添加"色阶"和"曲线"调整图层，设置参数，将肤色提亮，如图 4.20 所示。

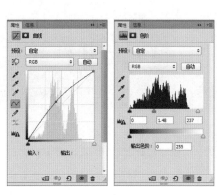

图 4.20

步骤 08 提亮画面。添加"曲线"调整图层，设置参数，将画面整体提亮，如图 4.21 所示。

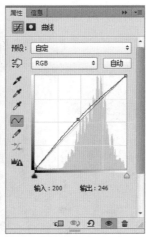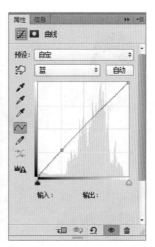

图 4.21

4.6　形态调整

在图像的修调过程中往往会涉及形态的调整，尤其在人像摄影后期的处理中更为常见。需要注意的是人物形态的调整要适度，不可过分追求视觉上的唯美而一味地跟随自身的感觉去调整，后期形态的调整应该建立在对人体形态结构了解的基础上。本节案例将使用液化工具对人物的腹部进行液化处理，使人物形体看起来更加完美。需要注意的是，在液化的过程不能破坏到其他图像，因此要结合冻结蒙版工具对人物形体进行更好的修整，如图 4.22 所示。

原 图　　　效果图

图 4.22

步骤 01 执行"文件 > 打开"命令，在弹出的对话框中打开素材"4-6.jpg"，复制"背景"图层，按【Ctrl+J】组合键，复制"背景"图层，如图 4.23 所示。

步骤 02 人像抠图。单击工具箱中的"钢笔工具"按钮，沿人物轮廓绘制路径，对人物进行抠图，如图 4.24 所示。

图 4.23

图 4.24

步骤 03 新建一个"渐变背景"图层，单击工具箱中的"渐变工具"按钮，在选项栏中设置渐变模式为"线性渐变"，设置渐变颜色为白色到灰色渐变。在页面上从右向左拖曳光标，为图像填充渐变，如图 4.25 所示。

步骤 04 在"图层"面板中右击，在弹出的快捷菜单中选择"合并可见图层"命令，或按【Ctrl+Shift+Alt+E】组合键盖印可见图层，将盖印的图层名称修改为"液化"，如图 4.26 所示。

图 4.25　　　　　　　　　　　　　　　　图 4.26

步骤 05 液化。选择"液化"图层，执行"滤镜 > 液化"命令，在弹出的"液化"对话框中将人物放大，以便观察需要液化的部分，如图 4.27 所示。

步骤 06 头发修整。在"液化"对话框中单击"向前变形工具"按钮，首先在头发部位进行修整，如图 4.28 所示。

图 4.27

图 4.28

步骤 07 冻结部分图像。在"液化"对话框将人物手臂部位放大，观察需要修整的部位，单击工具栏中的"冻结蒙版工具"按钮，在人物身体部位进行涂抹，将其冻结进行保护，如图 4.29 所示。

步骤 08 手臂修整。使用"向前变形工具"对手臂进行修整，如图 4.30 所示。

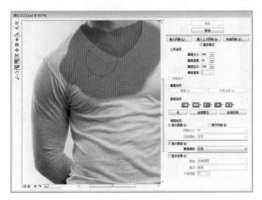

图 4.29

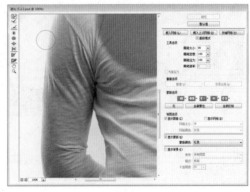

图 4.30

步骤 09 腹部修整。继续使用同样的方法对人物的腹部进行修整。修整完成后，单击"确定"按钮，效果如图 4.31 所示。

步骤 10 瑕疵修整。盖印可见图层，将盖印的图层名称修改为"瑕疵修整"。单击工具箱中的"修补工具"按钮，对人物裤子拉链部位进行修补，如图 4.32 所示。

图 4.31

图 4.32

步骤 11 人物修调。继续盖印可见图层，将盖印的图层名称修改为"人物修调"。单击工具箱中的"减淡工具"按钮，在人物暗部进行适当的涂抹。使用同样的方法将人物其他需要修调的暗部进行修调，如图 4.33 所示。

步骤 12 色调调整。在"图层"面板下方单击"添加新的填充或调整图层"按钮，在打开的下拉列表中选择"曲线"选项并设置参数，继续添加"曲线"及"色相/饱和度"调整图层，对人物进行色调调整，如图 4.34 所示。

图 4.33

图 4.34

步骤 13 瑕疵修整。使用"修补工具"对人物眼部的瑕疵进行修整，如图 4.35 所示。

步骤 14 新建中灰图层，执行"图层 > 新建 > 图层"命令，在弹出的对话框中将图层名称修改为"中灰"，设置"模式"为"柔光"，选择"填充柔光中性色"复选框，单击"确定"按钮，如图 4.36 所示。

图 4.35

图 4.36

步骤 15 立体感调整。单击工具箱中的"画笔工具"按钮，在选项栏中将画笔的不透明度降低，设置前景色为白色，在人物脸部进行涂抹，使其更有立体感，效果如图 4.37 所示。

步骤 16 盖印图层。按【Ctrl+Shift+Alt+E】组合键盖印可见图层，将盖印的图层名称修改为"加对比"，如图 4.38 所示。

图 4.37　　　　　　　　　　　　　　　　　图 4.38

步骤 17 增加画面的对比度。执行"调整 > 色阶"命令，或按【Ctrl+L】组合键，在弹出的"色阶"对话框中设置参数，对图像的对比度进行调整。案例最终效果如图 4.39 所示。

图 4.39

4.7　处理白皙的肤色

中性灰图层需要配合"柔光"图层混合模式，才能更好地进行图片的光影与质感修饰，要想通俗易懂地了解中性灰手法修图，必须先了解"柔光"图层混合模式的具体作用。"柔光"图层模式的效果与发散的聚光灯照在图像上相似，可产生比"叠加"或"强光"图层混合模式更为精细、柔和的效果。

原 图　　　　　　　　　　　　　效果图

图 4.40

步骤 01 执行"文件 > 打开"命令，在弹出的"打开"对话框中选择素材文件"4-7.jpg"，单击"打开"按钮，打开该文件。按【Ctrl+J】组合键，复制"背景"图层，得到"背景 复制"图层，如图 4.41 所示。

步骤 02 执行"滤镜 > 液化"命令，在弹出的"液化"对话框中对画笔大小及画笔压力进行设置，然后单击"确定"按钮，在图像中对人物脸型及头发等部分进行液化处理，如图 4.42 所示。

图 4.41　　　　　　　　　　　　　图 4.42

步骤 03 单击"图层"面板下方的"创建新的填充或调整图层"按钮，在打开的下拉列表中选择"曲线"选项，对其参数进行设置，如图 4.43 所示。

步骤 04 盖印图层，新建图层，设置前景色为中灰色，为图层填充中灰色，设置图层的混合模式为"柔光"，并将新建图层命名为"中灰"。单击工具箱中的"画笔工具"按钮，依次将前景色设置为黑色和白色，对图像中的光影进行调整，如图 4.44 所示。

图 4.43

图 4.44

步骤 05 单击"图层"面板下方的"创建新的填充或调整图层"按钮 ，在打开的下拉列表中选择"纯色"选项，在弹出的"拾色器（纯色）"对话框中设置颜色为黑色。在"图层"面板中设置该图层的混合模式为"颜色"，如图 4.45 所示。

步骤 06 采用同样的方法添加"颜色填充 2"图层，设置图层的混合模式为"叠加"，"不透明度"为57%，如图 4.46 所示。

图 4.45

图 4.46

步骤 07 在"中灰"图层上添加"曲线"图层，在"属性"面板中调整曲线。选中"曲线"蒙版，按【Ctrl+I】组合键，将蒙版反转为反相蒙版，如图 4.47 所示。

步骤 08 单击"图层"面板下方的"创建新的填充或调整图层"按钮 ，在打开的下拉列表中选择"曲线"选项，调整曲线。选中曲线图层蒙版，按【Ctrl+I】组合键将蒙版反转为反相蒙版，如图 4.48 所示。

图 4.47

图 4.48

步骤 09 单击工具箱中的"画笔工具"按钮 ✐，选择白色柔角画笔。观察图像，对图像中的亮点部位在压暗的曲线图层蒙版中进行涂抹，压暗亮点；对图像中的暗点部位在提亮的曲线图层蒙版中进行涂抹，提亮暗点，如图 4.49 所示。

步骤 10 隐藏"颜色填充 1"和"颜色填充 2"图层，按【Shift+Ctrl+Alt+E】组合键盖印图层。单击工具箱中的"魔棒工具"按钮 ✎，设置"容差"为 25，对画面中的黑色裙子区域进行点选。执行"选择 > 修改 > 羽化"命令，在弹出的"羽化选区"对话框中对羽化参数进行设置，然后单击"确定"按钮。按【Ctrl+J】组合键对所选区域进行复制，将复制的图层命名为"裙子部分"。在"图层"面板中设置图层混合模式为"滤色"，"不透明度"为 50%，如图 4.50 所示。添加"可选颜色"调整图层，在打开的"属性"面板中设置参数，调整图像中对应的颜色色调，如图 4.50 所示。

图 4.49

图 4.50

步骤 11 添加"曲线"调整图层，在打开的"属性"面板中调整曲线，调整图像的色调，最终效果如图 4.51 所示。

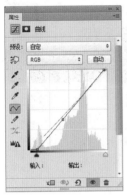
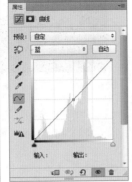

图 4.51

4.8　使用高反差保留增加图像锐度

　　要想增加图像锐度，通常想到的方法是使用"USM 锐化"命令，本案例将介绍使用"高反差保留"命令增加图像锐度的方法。USM 锐化通常在锐化了图像的同时劣化了画质，增加了噪点，同时细节也没有增加多少。而高反差保留锐化则加强了细节，锐化了图像，还没有劣化图像，所以相对而言，高反差保留锐化具有很大的优势，如图 4.52 所示。

步骤 01 打开文件，复制图层。执行"文件>打开"命令，在弹出的"打开"对话框中选择素材文件"4-8.jpg"，单击"打开"按钮打开该文件。按【Ctrl+J】组合键，复制"背景"图层，得到"背景 复制"图层，如图 4.53 所示。

步骤 02 加深减淡。再次复制背景图层，单击工具栏中的"加深工具"按钮在画面中涂抹加深背景和头发颜色，单击"减淡工具"，在人物脸部涂抹，提亮人物肤色。通过利用加深工具盒减淡工具，配合塑造新的光影效果，如图 4.54 所示。

原图

效果图

图 4.52

图 4.53   图 4.54

步骤 03 高反差保留锐化图像。盖印图层，执行"滤镜 > 其他 > 高反差保留"命令，在弹出的"高反差保留"对话框中设置参数，设置图层的混合模式为"线性光"，如图 4.55 所示，锐化图像。

步骤 04 加强锐化。复制高反差保留图层，加强对图像的锐化，如图 4.56 所示。

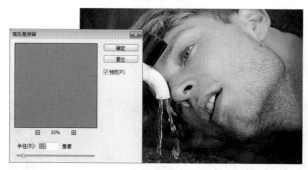

图 4.55   图 4.56

步骤 05 瑕疵修复。单击工具栏中的"修补工具"按钮，放大画面中的图像，在画面中圈选水龙头上的瑕疵，载入选区，将选区向右平移拖曳到完好的地方，完成初步修复。利用类似的方法修复图中的所有瑕疵，如图 4.57 所示。

步骤 06 载入选区。单击工具栏中的"套索工具"按钮，放大画面中的图像，在画面中圈选人物眼球，载入选区，如图 4.58 所示。

图 4.57   图 4.58

步骤 07 改变眼球颜色。单击"图层"面板下方的"创建新的填充或调整图层"按钮，在打开的下拉列表中选择"曲线"选项，在打开的"属性"面板中调整曲线，改变人物眼球颜色。设置图层的"不透明度"为 83%，如图 4.59 所示。

图 4.59

步骤 08 调整图像色调。继续添加"曲线"调整图层，在打开的"属性"面板中调整曲线，改变图像色调。选中曲线蒙版，按【Ctrl+I】组合键将其反转为反相蒙版，选择白色柔角画笔，在画面中人物的头发上涂抹，如图 4.60 所示。

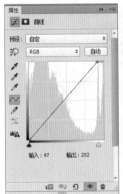

图 4.60

步骤 09 添加渐变映射。添加"渐变映射"调整图层，在打开的"属性"面板中设置由黑色到白色的渐变条，降低图像饱和度。选中曲线蒙版，选择黑色柔角画笔，在画面中人物的头发上涂抹，如图 4.61 所示。

图 4.61

4.9 双曲线修图

本案例主要介绍通道 50% 灰和双曲线图层配合修饰图片并处理出立体感的方法。原图主要以展示人物面部为主，除了背景颜色过于黯淡外，最主要的问题在于人物面部的光影不均匀，以至于画面看起来有一种凹凸不平的感觉，缺乏美感。因此，在接下来的调整过程中应该将重点放在人物面部光影的调整上。女性的皮肤本身就是光滑的、柔软的，因此在画面中不能出现大面积很生硬的阴影，在光影的过渡上也应该是柔和的、渐进的。以此为依据对图像中的光影部分进行适当的加深和减淡，使画面的整体效果更加立体与唯美，如图 4.62 所示。

步骤 01 执行"文件 > 打开"命令，在弹出的"打开"对话框中选择背景素材文件"4-9.jpg"，单击"打开"按钮，打开该文件。按【Ctrl+J】组合键复制"背景"图层，得到"背景 复制"图层，如图 4.63 所示。

原 图　　效果图

图 4.62　　　　　　　　　　　　　　　　　图 4.63

步骤 02 按【Ctrl+Alt+2】组合键，载入图像高光选区，再按【Shift+Ctrl+I】组合键，反转载入图像阴影选区，如图 4.64 所示。

步骤 03 按【Ctrl+J】组合键，复制图像阴影选区内容，设置图像的混合模式为"滤色"，再次复制图层，设置图层的"不透明度"为 50%，如图 4.65 所示。

步骤 04 单击"图层"面板下方的"新建组"按钮，将复制的两个图层拖入组内，为组添加蒙版。选择黑色柔角画笔，降低画笔的不透明度，在画面中人物皮肤过亮处涂抹，如图 4.66 所示。

图 4.64　　　　　　　　　图 4.65　　　　　　　　　　　图 4.66

步骤 05 盖印图层，单击工具栏中的"魔棒工具"按钮，在选项栏中选择"连续"复选框，分别在画面中的背景处单击加选载入背景选区，按【Delete】键，删除所选中的背景，如图 4.67 所示。

步骤 06 新建图层，为图层填充青色，将图层移动到人像抠图图层下方，如图 4.68 所示。

图 4.67

图 4.68

步骤 07 执行"滤镜 > 液化"命令，在弹出的"液化"对话框中单击工具栏中的"向前变形工具"按钮，放大笔触大小，在画面中修饰人物形体，如图 4.69 所示。

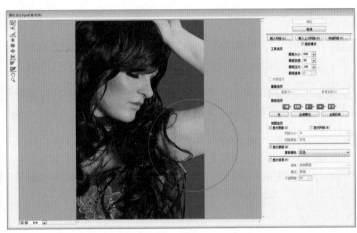

图 4.69

步骤 08 盖印图层，单击工具栏中的"修补工具"按钮，在画面中人物脸上的头发处框选载入选区，拖动至其他皮肤处，完成瑕疵修复。利用相似的方法，修复人物脸部的其他瑕疵，如图 4.70 所示。

图 4.70

步骤 09 添加"可选颜色"调整图层，在打开的"属性"面板中设置参数，调整图像整体颜色，如图 4.71 所示。

图 4.71

步骤 10 单击工具栏中的"钢笔工具"按钮 ，在选项栏中设置工具模式为"路径"，在画面中绘制人物衣服上的花纹路径，按【Ctrl+Enter】组合键，将路径转化为选区，如图 4.72 所示。

步骤 11 添加"曲线"调整图层，在打开的"属性"面板中设置 RGB、红、绿、蓝通道的曲线，调整人物衣服上花纹的颜色，如图 4.73 所示。

步骤 12 添加"色相/饱和度"调整图层，在打开的"属性"面板中设置参数，改变图像的色相/饱和度，如图 4.74 所示。

步骤 13 添加"曲线"调整图层，在打开的"属性"面板中调整 RGB、红、绿、蓝通道的曲线，如图 4.75 所示，选中曲线蒙版，按【Ctrl+I】组合键将蒙版反转为反相蒙版，选择白色柔角画笔，在画面中人物的紫色衣服处涂抹，改变人物衣服的颜色，效果如图 4.76 所示。

图 4.72

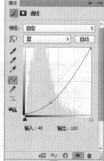

图 4.73

图 4.74

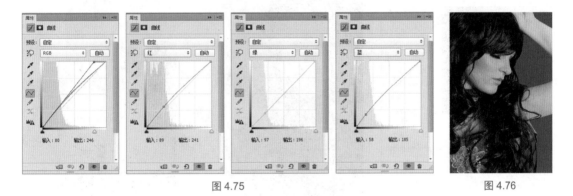

图 4.75　　　　　　　　　　　　　　　　　　　　图 4.76

步骤 14 继续添加"曲线"调整图层，在打开的"属性"面板中分别调整 RGB、绿、蓝通道的曲线，如图 4.77 所示。选中曲线蒙版，按【Ctrl+I】组合键，将曲线蒙版反转为反相蒙版。选择白色柔角画笔，放大图像并调小笔触大小，在画面中人物项链上涂抹，调整人物项链颜色，如图 4.78 所示。注意涂抹时要仔细，不要涂抹到其他地方。

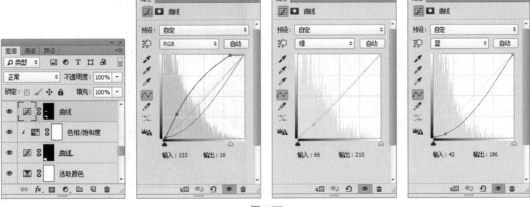

图 4.77

图 4.78

步骤 15 盖印图层，执行"滤镜 > 锐化 >USM 锐化"命令，在弹出的"USM 锐化"对话框中设置参数，如图 4.79 所示，锐化图像中的细节，如图 4.80 所示。

步骤 16 盖印图层，按【Ctrl+I】组合键将图像反相，设置图层的混合模式为"线性光"，如图 4.81 所示。

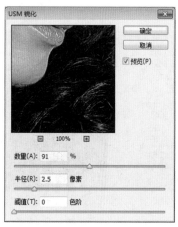

图 4.79   图 4.80   图 4.81

步骤 17 执行"滤镜 > 其他 > 高反差保留"命令，在弹出的"高反差保留"对话框中设置参数，单击"确定"按钮，如图 4.82 所示。

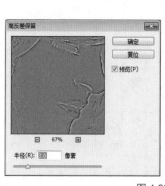

图 4.82

步骤 18 执行"滤镜 > 模糊 > 高斯模糊"命令，在弹出的"高斯模糊"对话框中设置参数，单击"确定"按钮，如图 4.83 所示。

步骤 19 添加反相图层蒙版，选择白色柔角画笔，在画面中人物皮肤处涂抹，完成高低频修图，如图 4.84 所示。

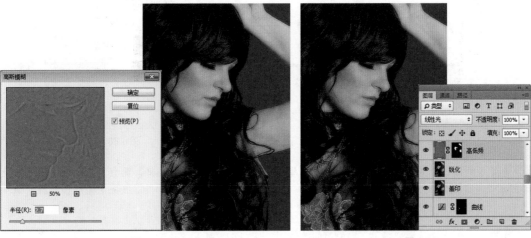

图 4.83   图 4.84

步骤 20 盖印图层，添加"纯色"调整图层，在弹出的"拾色器"对话框中设置黑色，单击"确定"按钮。设置图层的混合模式为"颜色"。复制图层，设置图层的混合模式为"叠加"，"不透明度"为 20%，如图 4.85 所示。

图 4.85

步骤 21 添加"曲线"调整图层，在打开的"属性"面板中调整曲线，这个曲线图层为提亮的曲线，将曲线图层蒙版反转为反相蒙版，如图 4.86 所示。再次添加"曲线"调整图层，在打开的"属性"面板中调整曲线，这个曲线为压暗的曲线，将曲线图层蒙版反转为反相蒙版，如图 4.87 所示。将两个曲线图层移动到颜色填充图层下方，如图 4.88 所示。

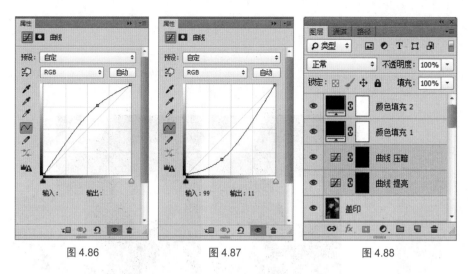

图 4.86   图 4.87   图 4.88

步骤 22 观察画面中的图像,选择白色柔角画笔,降低不透明度。放大图像,观察人物肤色,对于肤色中的暗点,在提亮曲线图层蒙版中涂抹提亮暗点。肤色过亮的部分在压暗的曲线图层蒙版中涂抹,压暗亮部,如图 4.89 所示。

步骤 23 隐藏两个颜色填充图层,完成双曲线修图,如图 4.90 所示,这两个颜色填充图层是为了帮助用户观察图像上的瑕疵,因为人们在观察黑白图时不容易视觉疲劳,所以这两个图层只是起辅助作用,不对图像做任何更改。

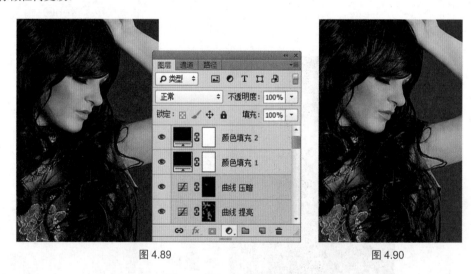

图 4.89   图 4.90

步骤 24 新建图层,为图层添加中灰色,选择黑色柔角画笔,降低不透明度,在人物紫色衣服上涂抹加重颜色,选择白色柔角画笔,在人物衣服花纹上的中心涂抹制作高光效果,如图 4.91 所示。

步骤 25 单击工具栏中的"修补工具"按钮 ███,在画面中人物脸部的瑕疵部位框选,载入瑕疵部位选区,如图 4.92 所示,将选区拖曳到其他皮肤处,完成修复,如图 4.93 所示。

步骤 26 利用相似的方法修复脸部所有的瑕疵部位,如图 4.94 所示。单击工具栏中的"套索工具"按钮 ⟨，在画面中人物的嘴唇部位进行绘制,载入人物嘴唇部位选区,如图 4.95 所示。

图 4.91　　　　　　　　　　　　　　　　　　　图 4.92

图 4.93　　　　　　　　　　图 4.94　　　　　　　　　　图 4.95

步骤 27 添加"曲线"调整图层，在打开的"属性"面板中调整 RGB、红、绿、蓝通道的曲线，改变人物嘴唇的颜色，如图 4.96 所示。

图 4.96

步骤 28 按【Ctrl+Alt+2】组合键，载入图像高光选区，如图 4.97 所示。新建图层，设置前景色为黄色（R：255，G：255，B：255），按【Alt+Delete】组合键，为选区填充黄色，按【Ctrl+D】组合键，取消选区，如图 4.98 所示。

步骤 29 设置图层的混合模式为"柔光"，"不透明度"为 31%，完成图像加色。盖印图层，执行"滤镜 > 模糊 > 高斯模糊"命令，在弹出的"高斯模糊"对话框中设置参数，单击"确定"按钮，如图 4.99 所示。

图 4.97

图 4.98

图 4.99

步骤 30 设置图层的混合模式为"柔光","不透明度"为 58%。添加图层蒙版，选择黑色柔角画笔，在画面中人物头发上涂抹，掩盖模糊柔光图层对头发的效果，如图 4.100 所示。盖印图层，单击工具栏中的"涂抹工具"按钮 🔽，在选项栏中降低强度，调整画笔笔触大小，在画面中人物头发上涂抹，修饰人物头发，如图 4.101 所示。

图 4.100

图 4.101

4.10 高低频磨皮

　　本案例着重讲解高低频磨皮的具体方法，通过高反差保留和高斯模糊的结合使用，使人物的皮肤在保持原有质感的基础上起到了一定的磨皮作用。需要注意的是，高低频的使用仅限于局部皮肤的修整，并不适用于整体磨皮，因此在操作过程中应注意其使用范围。在人像摄影后期处理中，关于人物皮肤的修整除了要用到高低频技术，还应该关注人物面部细节部分的处理，例如，如何才能使人物的眼神看起来更有光彩，以及唇色调整的必要性等。除此之外，发丝部分的光影及层次感的加强也可以使发丝部分更有光泽感。总之，在人像修图中应该格外注重细节部分及画面层次感的处理，这样做会使画面看起来更加精致、丰富，如图 4.102 所示。

步骤 01 打开素材文件"4-10.jpg"，如图 4.103 所示。

步骤 02 复制"背景"图层。按【Ctrl+J】组合键，复制"背景"图层，得到"背景 复制"图层，如图 4.104 所示。

图 4.102

图 4.103　　　　　　　　　　　　　　图 4.104

步骤 03 调整整体构图。按【Ctrl+J】组合键，复制"背景"图层，将复制图层命名为"调整构图"。单击工具箱中的"矩形选框工具"按钮 ，在页面左侧绘制矩形选区。按【Ctrl+T】组合键对所选区域进行拉伸处理，效果如图 4.105 所示。

图 4.105

步骤 04 亮度的调整。单击"图层"面板下方的"创建新的填充或调整图层"按钮 ，在打开的下拉列表中选择"曲线"选项，在打开的面板中设置参数，如图 4.106 所示。

步骤 05 按【Ctrl+Shift+Alt+E】组合键盖印可见图层，得到"盖印"图层，如图 4.107 所示。

步骤 06 确定暗部选区。按【Ctrl+Alt+2】组合键确定图像中的高光区域，按【Ctrl+I】组合键进行反选操作，确定图像的暗部选区。按【Ctrl+J】组合键对所选区域进行复制，将复制图层命名为"暗部"，如图 4.108 所示。

图 4.106

图 4.107

图 4.108

步骤 07 提亮暗部。单击"图层"面板下方的"创建新的填充或调整图层"按钮 ◐，在打开的下拉列表中选择"曲线"选项，在打开的面板中设置参数。执行"图层 > 创建剪贴蒙版"命令，将所选图层置入目标图层中。按【Ctrl+Shift+Alt+E】组合键盖印可见图层，得到"盖印"图层，如图 4.109 所示。

图 4.109

步骤 08 颜色填充图层的建立。单击"图层"面板下方的"创建新的填充或调整图层"按钮 ◐，在打开的下拉列表中选择"纯色"选项，在弹出的"拾色器（纯色）"对话框中设置（R、G、B）颜色为（0、0、0），单击"确定"按钮，在"图层"面板中生成"颜色填充 1"图层。在"图层"面板中设置该图层的混合模式为"颜色"，"不透明度"为100%，如图 4.110 所示。

图 4.110

步骤 09 颜色填充图层的建立。
单击"图层"面板下方的"创建
新的填充或调整图层"按钮 ● ，
在打开的下拉列表中选择"纯
色"选项，在弹出的"拾色器(纯
色)"对话框中设置(R、G、B)
颜色为(0、0、0)，单击"确
定"按钮，在"图层"面板中生
成"颜色填充 2"图层。在"图
层"面板中设置该图层的混合模
式为"叠加"，"不透明度"为
51%，如图 4.111 所示。

图 4.111

步骤 10 提亮曲线的建立。在
"盖印"图层上新建一个调整图
层，并命名为"提亮"。具体操
作为单击"图层"面板下方的
"创建新的填充或调整图层"按
钮 ● ，在打开的下拉列表中选
择"曲线"选项，在打开的面板
中设置参数。单击"提亮"图
层中的"图层蒙版缩览图"，按
【Ctrl+I】组合键将蒙版进行反向
操作，如图 4.112 所示。

图 4.112

步骤 11 压暗曲线的建立。在
"提亮"图层上新建一个调整图
层，并命名为"压暗"。具体操
作为单击"图层"面板下方的
"创建新的填充或调整图层"按
钮 ● ，在打开的下拉列表中选
择"曲线"选项，在打开的面板
中设置参数。单击"提亮"图
层中的"图层蒙版缩览图"，按
【Ctrl+I】组合键将蒙版进行反向
操作，如图 4.113 所示。

图 4.113

步骤 12 对图像的明暗进行处
理。单击工具箱中的"画笔工
具"按钮 ✔ ，通过擦除"提亮"
和"压暗"图层蒙版的方式对图
像中阴影过重的地方和高光过亮
的部分进行擦拭，以此达到从亮
部到暗部光影过渡柔和、自然的
目的，如图 4.114 所示。

图 4.114

步骤 13 分别隐藏"颜色填充 1"和"颜色填充 2"图层，然后在"压暗"图层上按【Ctrl+Shift+Alt+E】组合键盖印可见图层，得到"盖印"图层。将"盖印"图层调整到"颜色填充 2"图层的上方，如图 4.115 所示。

图 4.115

步骤 14 磨皮。执行"滤镜 >Imagenomic>Pprtraiture"命令，在弹出的对话框中对相应的参数进行设置，然后单击"确定"按钮，如图 4.116 所示。

图 4.116

步骤 15 高低频细致打磨皮肤。按【Ctrl+J】组合键复制图层，将复制的图层命名为"高低频"。在"图层"面板中设置图层的混合模式为"线性光"，"不透明度"为 100%。按【Ctrl+I】组合键对该图层进行反向操作。执行"滤镜 >其他 >高反差保留"命令，在弹出的"高反差保留"对话框中对相应的参数进行设置，然后单击"确定"按钮。执行"滤镜 >模糊 >高斯模糊"命令，在弹出的"高斯模糊"对话框中对相应的参数进行设置，然后单击"确定"按钮。按住【Alt】的同时单击"图层"面板下方的"添加蒙版"按钮 ，添加反向图层蒙版。单击工具箱中的"画笔工具"按钮 ，擦出图像中需要进行处理的部分，如图 4.117 所示。

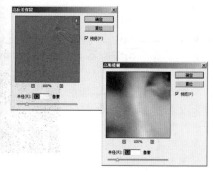

图 4.117

步骤 16 皮肤修整。按【Ctrl+Shift+Alt+E】组合键盖印可见图层，将盖印图层命名为"皮肤修整"，单击工具箱中的"仿制图章工具"按钮 ，对图像中人物的皮肤部分进行修整，如图 4.118 所示。

步骤 17 单击工具箱中的"钢笔工具"按钮 ，在图像中对人物唇部进行路径选择。按【Ctrl+Enter】组合键，将路径转换为选区。按【Ctrl+J】组合键对所选区域进行复制，将复制图层命名为"唇部"，如图 4.119 所示。

图 4.118　　　　　　　　　　　　　　图 4.119

步骤 18 唇部颜色的微调。单击"图层"面板下方的"创建新的填充或调整图层"按钮 ，在打开的下拉列表中选择"可选颜色"选项，对相应的参数进行设置，然后单击"确定"按钮，如图 4.120 所示。

图 4.120

步骤 19 单击"图层"面板下方的"创建新的填充或调整图层"按钮 ，在打开的下拉列表中选择"色相/饱和度"选项，对相应的参数进行设置，然后单击"确定"按钮，如图 4.121 所示。

图 4.121

步骤 20 盖印并加深眼部颜色。按【Ctrl+Shift+Alt+E】组合键盖印可见图层，得到"盖印"图层。单击工具箱中的"加深工具"按钮 ，对图像中人物的眼睛部分进行加深颜色的处理，如图 4.122 所示。

图 4.122

步骤 21 对眼睛部分进行锐化处理。单击工具箱中的"套索工具"按钮，对图像中眼睛的区域进行选取。执行"选择 > 修改 > 羽化"命令，在弹出的"羽化选区"对话框中对羽化参数进行设置，然后单击"确定"按钮。按【Ctrl+J】组合键，对所选区域进行复制，将复制的图层命名为"眼部锐化"。执行"滤镜 > 锐化 >USM 锐化"命令，在弹出的"USM 锐化"对话框中对相应的参数进行设置，然后单击"确定"按钮，最终效果如图 4.123 所示。

图 4.123

4.11　女士人像照片整体精修

　　本案例首先将人物皮肤进行磨皮，使皮肤更加细腻，然后将人物脸上的碎发进行修整，使人物面部更加干净，最后增加人物的立体感，使人物五官更加立体，如图 4.124 所示。

图 4.124

步骤 01 执行"文件 > 打开"命令，在弹出的对话框中选择素材文件"4-11.jpg"，单击"打开"按钮，打开该文件。接下来复制"背景"图层，按【Ctrl+J】组合键，得到"背景 复制"图层，如图 4.125 所示。

步骤 02 提亮画面，单击"图层"面板下方的"创建新的填充或调整图层"按钮，在打开的下拉列表中选择"曲线"选项，在打开的"属性"面板中设置参数，将画面整体提亮，如图 4.126 所示。

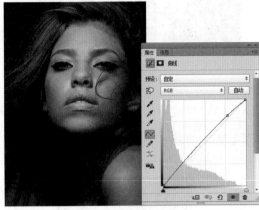

图 4.125　　　　　　　　　　　　　　　　图 4.126

步骤 03 反向操作。按【Ctrl+Shift+Alt+E】组合键盖印可见图层，将盖印的图层名称修改为"高低频"，按【Ctrl+I】组合键进行反向，将该图层的混合模式调整为"线性光"，如图 4.127 所示。

步骤 04 高反差保留。执行"滤镜 > 其他 > 高反差保留"命令，在弹出的对话框中设置相关参数，单击"确定"按钮完成操作，如图 4.128 所示。

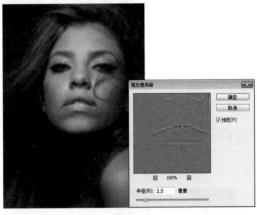

图 4.127　　　　　　　　　　　　　　　　图 4.128

步骤 05 高斯模糊。执行"滤镜 > 模糊 > 高斯模糊"命令，在弹出的对话框中设置相关参数，单击"确定"按钮完成操作，如图 4.129 所示。

步骤 06 添加图层蒙版。选择"高低频"图层，按住【Alt】键并单击"图层"面板下方的"添加图层蒙版"命令，为其添加一个反向蒙版，利用白色柔角画笔在人像上进行涂抹，将部分效果显示出来，使人物皮肤更加细腻，如图 4.130 所示。

图 4.129   图 4.130

步骤 07 面部碎发修整。盖印可见图层，将盖印的图层名称修改为"脸部碎发修整"。单击工具箱中的"修补工具"按钮，对人物面部碎发进行修整，如图 4.131 所示。

步骤 08 绘制路径。单击工具箱中的"钢笔工具"按钮，为人物右边完好的眼睛绘制封闭路径。绘制完成后，按【Ctrl+Enter】组合键将路径转换为选区，按【Ctrl+J】组合键将其复制，如图 4.132 所示。

图 4.131   图 4.132

步骤 09 眼睛修整。选择"眼睛"图层，按【Ctrl+T】组合键，将其进行水平翻转并放置到合适的位置，对右边带头发的眼睛进行修补，如图 4.133 所示。

步骤 10 进行皮肤磨皮。盖印可见图层，将盖印的图层名称修改为"皮肤磨皮"。执行"滤镜 > Imagenomic>Portraiture"命令，在弹出对话框中设置 Threshold 为 20，单击"确定"按钮完成操作，如图 4.134 所示。

图 4.133   图 4.134

步骤 11 进行脸型修整。盖印可见图层，将盖印的图层名称修改为"脸型修整"。执行"滤镜 > 液化"命令，在弹出的液化对话框中选择"向前变形工具"，将人物脸型与眼睛进行修整，单击"确定"按钮完成操作，如图 4.135 所示。

图 4.135

步骤 12 加深减淡操作。继续选择"脸型修整"图层。单击工具箱中的"加深工具"按钮，在选项栏中降低"曝光度"，在人物脸上的暗部进行适当涂抹。单击工具箱中的"减淡工具"按钮，在人物脸上的亮部进行适当涂抹，如图 4.136 所示。

图 4.136

步骤 13 添加色阶。单击"图层"面板下方的"创建新的填充或调整图层"按钮，在打开的下拉列表中选择"色阶"选项，在打开的面板中设置色阶参数，如图 4.137 所示。

步骤 14 增加立体感。盖印可见图层，单击工具箱中的"加深工具"按钮，在选项栏中降低"曝光度"，在人物脸上的暗部进行适当涂抹。单击工具箱中的"减淡工具"按钮，在人物脸上的亮部进行适当的涂抹，使人物更具立体感，如图 4.138 所示。

图 4.137

图 4.138

步骤 15 盖印图层。按【Ctrl+Shift+Alt+E】组合键，盖印可见图层，将盖印的图层名称修改为"锐化"，如图 4.139 所示。

步骤 16 锐化。选择"锐化"图层，执行"滤镜 > 锐化 >USM 锐化"命令，在弹出的"USM 锐化"对话框中设置锐化参数，单击"确定"按钮完成操作，使人物更加清晰，案例最终效果如图 4.140 所示。

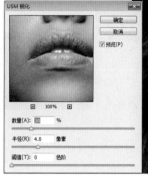

图 4.139　　　　　　　　　　　　　　　　　　　　　图 4.140

4.12　男士人像照片整体精修

　　男士修图中应该注意面部轮廓的修调及图像整体色调的处理。在本案例中，通过观察可以发现以下问题：首先，背景与人物没有形成强烈的对比，如果希望整体画面呈现出整洁、精致的感觉，背景的处理是十分关键的一步；此外，人物肤色偏红，并且局部阴影过重，也是一个需要注意调整的地方；处理完上述问题后，再对人物面部光影的修调和整体色调进行调整，在男士修图中可以适当降低图像饱和度，使照片看起来更加干净，如图 4.141 所示。

步骤 01 执行"文件 > 打开"命令，在弹出的"打开"对话框中选择背景素材文件"4-12.jpg"，单击"打开"按钮，打开该文件，如图 4.142 所示。

原　图　　　　　　　　　　效果图

图 4.141　　　　　　　　　　　　　　　　　　　　　图 4.142

步骤 02 单击工具栏中的"魔棒工具"按钮 ，在画面中单击图像背景，载入图像背景选区，按
【Shift+Ctrl+I】组合键反向载入人物选区，按【Ctrl+J】组合键复制人物，完成人像抠图，如图 4.143 所示。

步骤 03 选择"背景"图层，单击"图层"面板下方的"创建新图层"按钮 ，新建图层，隐藏"人像
抠图"图层。单击工具栏中的"渐变工具"按钮 ，在选项栏中单击"渐变编辑器"按钮 ，在
弹出的"渐变编辑器"窗口中设置白色到青色的渐变，在画面中绘制径向渐变，如图 4.144 所示。

图 4.143　　　　　　　　　　　　　　　　图 4.144

步骤 04 显示"人像抠图"图层，盖印图层，添加"色相/饱和度调整图层"，在打开的"属性"面板中
设置参数，如图 4.145 所示。

步骤 05 盖印图层，执行"滤镜 >Imagenomic>Portraiture"命令，在弹出的 Portraiture 对话框中设置参
数，单击"确定"按钮，完成轻微磨皮，如图 4.146 所示。

图 4.145　　　　　　　　　　　　　　　　图 4.146

步骤 06 添加"曲线"调整图层，在打开的"属性"面板中调整 RGB 和"红"通道曲线，如图 4.147 所示，
选中曲线蒙版，按【Ctrl+I】组合键，将蒙版转化为反相蒙版，选择白色柔角画笔，在画面中人物身体区
域进行涂抹，如图 4.148 所示。

步骤 07 添加"自然饱和度"调整图层，在打开的"属性"面板中设置参数，调整图像的自然饱和度，如
图 4.149 所示。添加"亮度/对比度"调整图层，在打开的"属性"面板中设置参数，调整图像的亮度/对
比度，如图 4.150 所示。

图 4.147　　　　　　　　　　图 4.148

图 4.149　　　　　　　　　　图 4.150

步骤 08 盖印图层，执行"滤镜 > 锐化 >USM 锐化"命令，在弹出的"USM 锐化"框中设置参数，单击
"确定"按钮，如图 4.151 所示。

步骤 09 添加"色相/饱和度"调整图层，在打开的"属性"面板中设置参数，调整图像的色相/饱和度，
如图 4.152 所示。添加"渐变映射"调整图层，在打开的"属性"面板中设置渐变条为由黑色到白色的
渐变，选择"反向"复选框，如图 4.153 所示。

图 4.151　　　　　　　　图 4.152　　　　　　　　图 4.153

步骤 10 按【Shift+Ctrl+Alt+E】组合键盖印图层，放大瑕疵部位，选择柔角画笔，按住【Alt】键在瑕疵周围选取颜色，如图 4.154 所示，在瑕疵部位进行涂抹，修复瑕疵。图 4.155 所示为修复了眼球红血丝、眼角及眉毛瑕疵后的图像。

图 4.154　　　　　　　　　　　　图 4.155

步骤 11 添加"曲线"调整图层，在打开的"属性"面板中调整曲线，调整图像颜色，如图 4.156 所示。选择"套索工具"，在画面中绘制载入人物眼球区域，添加"曲线"调整图层，在打开的"属性"面板中调整 RGB、绿、蓝通道曲线，改变人物眼球的颜色，如图 4.157 所示。

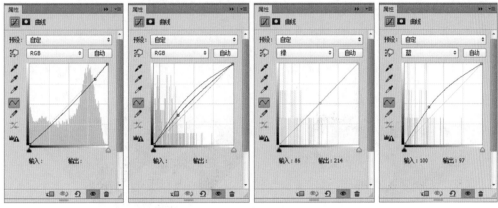

图 4.156

图 4.157

儿童照片高级处理技巧

第 **5** 章

5.1　童年乐趣

　　本案例中的照片光影平淡，宝宝的脸部皮肤也比较暗淡，通过运用"曲线""色阶"等命令可以提高画面的亮度，增强对比度，运用"可选颜色"命令为画面添加丰富的色彩，使画面对比强烈，突出宝宝，主次分明，让画面看起来更生动，如图 5.1 所示。

图 5.1

步骤 01　执行"文件 > 打开"命令，或按【Ctrl+O】组合键，打开素材文件"5-1.jpg"，拖曳"背景"图层至"图层"面板下方的"创建新图层"按钮 上，新建"背景 副本"图层，如图 5.2 所示。

步骤 02　单击"图层"面板下方的"创建新的填充或调整图层"按钮 ，在打开的下拉列表中选择"曲线"选项，打开"属性"面板，调节参数，调整图像色调，如图 5.3 所示。

图 5.2　　　　　　　　　　　　　　　　图 5.3

步骤 03　单击"图层"面板下方的"创建新的填充或调整图层"按钮 ，在打开的下拉列表中选择"自然饱和度"选项，打开"属性"面板，调节参数，使画面的色调饱和而不失真，如图 5.4 所示。

步骤 04　单击"图层"面板下方的"创建新的填充或调整图层"按钮 ，在打开的下拉列表中选择"色阶"选项，打开"属性"面板，稍微调节参数，使画面色调提亮一些，如图 5.5 所示。

步骤 05　单击"图层"面板下方的"创建新的填充或调整图层"按钮 ，在打开的下拉列表中选择"可选颜色"选项，打开"属性"面板，调节参数，调整图像色调，如图 5.6 所示。

步骤 06　在"颜色"下拉列表中选择"红色"选项，调节参数，如图 5.7 所示。

图 5.4   图 5.5

图 5.6   图 5.7

步骤 07 在"颜色"下拉列表中选择"白色"选项,调节参数,如图 5.8 所示。

步骤 08 在"颜色"下拉列表中选择"中性色"选项,调节参数,如图 5.9 所示。

图 5.8   图 5.9

步骤 09 在"颜色"下拉列表中选择"黑色"选项,调节参数,如图 5.10 所示。

步骤 10 执行"文件 > 打开"命令,在弹出的对话框中选择素材文件"5-1a.psd",将其打开,如图 5.11 所示。

图 5.10

图 5.11

步骤 11 单击"图层"面板下方的"创建新的填充或调整图层"按钮 ⚫ᵢ，在打开的下拉列表中选择"可选颜色"选项，打开"属性"面板，调节参数，如图 5.12 所示。

步骤 12 在"颜色"下拉列表中选择"白色"选项，调节参数，如图 5.13 所示。

图 5.12

图 5.13

步骤 13 在"颜色"下拉列表中选择"中性色"选项，调节参数，如图 5.14 所示。

图 5.14

⚠ 提示

　　"可选颜色"功能的原理是对限定颜色区域中各像素的青、洋红、黄、黑四色油墨进行调整，因此不影响其他颜色。这里使用"可选颜色"功能把暗部调出更鲜艳的颜色，增加亮部的暖黄，让画面整体看起来色彩丰富明快。

步骤 14 对图片的色调再进行修饰，就完成了图片的色彩调整，如图 5.15 所示。

步骤 15 将"背景"图层拖曳到当前文档中，"图层"面板下方将自动生成"图层 1"图层，移动"图层 1"图层的位置至"背景 副本"图层的上方，如图 5.16 所示。

图 5.15

图 5.16

步骤 16 将"图层 1"图层的混合模式设置为"正片叠底"，此时，背景与宝宝完美融为一体，如图 5.17 所示。

步骤 17 单击"图层"面板下方的"创建新的填充或调整图层"按钮 ◔ |，在打开的下拉列表中选择"曲线" 选项，打开"属性"面板，调节参数，如图 5.18 所示。

图 5.17

图 5.18

步骤 18 新建"图层 2"图层，将前景色设置为宝宝皮肤的颜色，使用工具箱中的画笔工具涂抹宝宝的脸部，使皮肤更白皙，如图 5.19 所示。

步骤 19 单击"图层"面板下方的"创建新的填充或调整图层"按钮 ◔ |，在打开的下拉列表中选择"色阶" 选项，打开"属性"面板，调节参数，完成制作，效果如图 5.20 所示。

图 5.19

图 5.20

5.2　记忆中的童年

　　本案例中的照片曝光欠缺，对比稍弱，原本动态十足的照片，却缺少了活泼的气息，通过使用"色相/饱和度"命令，可以增加照片的色彩鲜艳度，使用"可选颜色"命令使画面的色调更加均衡，最后通过素材的叠加，使画面更具活泼的氛围，如图 5.21 所示。

图 5.21

步骤 01 执行"文件 > 打开"命令，或按【Ctrl+O】组合键，打开素材文件"5-2.jpg"，拖曳"背景"图层至"图层"面板下方的"创建新图层"按钮 □ 上，新建"背景 副本"图层，如图 5.22 所示。

步骤 02 单击"图层"面板下方的"创建新的填充或调整图层"按钮 ◑.，在打开的下拉列表中选择"曲线"选项，打开"属性"面板，调节参数，调整图像色调，如图 5.23 所示。

图 5.22　　　　　　　　　　　　　　　　　图 5.23

步骤 03 单击"图层"面板下方的"创建新的填充或调整图层"按钮 ◑.，在打开的下拉列表中选择"亮度/对比度"选项，打开"属性"面板，调节参数，增加画面整体亮度，使亮部的细节更加清晰，如图 5.24 所示。

步骤 04 单击"图层"面板下方的"创建新的填充或调整图层"按钮 ◑.，在打开的下拉列表中选择"色相/饱和度"选项，打开"属性"面板，调节参数，使画面色调更加饱和，如图 5.25 所示。

步骤 05 单击"图层"面板下方的"创建新的填充或调整图层"按钮 ◑.，在打开的下拉列表中选择"可选颜色"选项，打开"属性"面板，调节参数，如图 5.26 所示。

步骤 06 在"颜色"下拉列表中选择"黄色"选项，调节参数，使黄色花朵的颜色更加鲜艳，如图 5.27 所示。

图 5.24

图 5.25

图 5.26

图 5.27

步骤 07 在"颜色"下拉列表中选择"绿色"选项，调节参数，使绿草部分的颜色更加明艳，如图 5.28 所示。

步骤 08 在"颜色"下拉列表中选择"中性色"选项，调节参数，使画面的色调更加均衡，如图 5.29 所示。

图 5.28

图 5.29

步骤 09 在"颜色"下拉列表中选择"黑色"选项，调节参数，修复画面中色调偏黄的部分，如图 5.30 所示。

步骤 10 打开素材文件，单击"图层"前面的"隐藏和显示图层"按钮，隐藏其他多余的图层，如图 5.31 所示。

步骤 11 将"蝴蝶"素材拖曳至当前文档中，单击"图层"面板下方的"添加图层样式"按钮 *fx*，为蝴蝶素材添加"投影"效果，如图 5.32 所示。

步骤 12 选择"背景 副本"图层，执行"滤镜 >Knoll Light Factory> 光源效果"命令（此滤镜需要执行

Knoll Light Factory Photo 3.2.exe 文件额外安装），在弹出的对话框中设置参数，单击"确定"按钮，如图 5.33 所示。

图 5.30　　　　　　　　　　　　　　　　图 5.31

图 5.32　　　　　　　　　　　　　　　　图 5.33

步骤 13 光源效果设置完成后，可以看到宝宝的照片比以前更具美感，画面的亮点部分突出，但是光源的强度太过刺眼，如图 5.34 所示。

步骤 14 将"背景 副本"图层的不透明度降低一些，完成制作，效果如图 5.35 所示。

图 5.34　　　　　　　　　　　　　　　　图 5.35

5.3　可爱的写真照片

本案例中的照片色调看起来不够明快清新，使用"曲线""色阶"命令可以提高照片的亮部，使用"可选颜色"命令对照片进行适当调色，将暗淡的色调调整为温暖明快的色调，使普通的留念照变成宝宝的可爱写真照片，如图 5.36 所示。

原 图 效果图

图 5.36

步骤 01 执行"文件 > 打开"命令，或按【Ctrl+O】组合键，打开素材文件"5-3.jpg"，如图 5.37 所示。

步骤 02 拖曳"背景"图层至"图层"面板下方的"创建新图层"按钮 上，新建"背景 副本"图层，如图 5.38 所示。

图 5.37 图 5.38

步骤 03 单击"图层"面板下方的"创建新的填充或调整图层"按钮 ，在打开的下拉列表中选择"色阶"选项，打开"属性"面板，调节参数，这样可以使画面的光线充足一些，如图 5.39 所示。

步骤 04 单击"图层"面板下方的"创建新的填充或调整图层"按钮 ，在打开的下拉列表中选择"亮度/对比度"选项，打开"属性"面板，调节参数，提高画面的整体亮度，如图 5.40 所示。

图 5.39 图 5.40

步骤 05 单击"图层"面板下方的"创建新的填充或调整图层"按钮 ，在打开的下拉列表中选择"色相/饱和度"选项，打开"属性"面板，调节参数，如图 5.41 所示。

步骤 06 选择"背景 副本"图层，按【Ctrl+Alt+2】组合键，选择该图层的高光，载入选区，如图 5.42 所示。

图 5.41

图 5.42

步骤 07 单击"图层"面板下方的"创建新的填充或调整图层"按钮，在打开的下拉列表中选择"色阶"选项，打开"属性"面板，调节参数，使高光部分更亮，如图 5.43 所示。

步骤 08 单击"图层"面板下方的"创建新的填充或调整图层"按钮，在打开的下拉列表中选择"色相/饱和度"选项，打开"属性"面板，调节参数，如图 5.44 所示。

图 5.43

图 5.44

步骤 09 单击"图层"面板下方的"创建新的填充或调整图层"按钮，在打开的下拉列表中选择"可选颜色"选项，打开"属性"面板，调节参数，如图 5.45 所示。

步骤 10 在"颜色"下拉列表中选择"红色"选项，调节参数，如图 5.46 所示。

图 5.45

图 5.46

步骤 11 在"颜色"下拉列表中选择"白色"选项，调节参数，如图 5.47 所示。

步骤 12 在"颜色"下拉列表中选择"黑色"选项，调节参数，选择不同的颜色进行调节，可以使画面的色调更加丰富，如图 5.48 所示。

图 5.47

图 5.48

步骤 13 切换到"通道"面板，选择"蓝"通道，执行"图像 > 调整 > 曲线"命令，弹出"曲线"对话框，调节参数，如图 5.49 所示。

图 5.49

步骤 14 将 Portraiture.8bf 文件复制到读者计算机的 Photoshop 安装文件夹的滤镜（Plug-Ins）目录中。执行"滤镜 >Imagenomic>Portraiture"命令，用 Portraiture 滤镜对人物进行磨皮，如图 5.50 所示。

步骤 15 磨皮完成后，宝宝的皮肤看起来更加光滑、细腻，如图 5.51 所示。

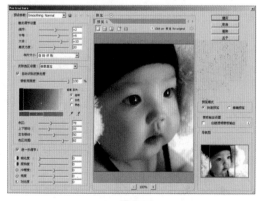
图 5.50

图 5.51

步骤 16 将"背景 副本"图层的混合模式设置为"柔光"，如图 5.52 所示。

步骤 17 单击"图层"面板下方的"创建新的填充或调整图层"按钮 ，在打开的下拉列表中选择"曝光度"选项，打开"属性"面板，调节参数，为画面增加光源感，增加整体曝光量，如图 5.53 所示。

图 5.52

图 5.53

步骤 18 单击"图层"面板下方的"添加图层蒙版"按钮,使用工具箱中的画笔工具,对宝宝的脸部进行涂抹,使其显现出宝宝本来的光滑皮肤,如图 5.54 所示。

步骤 19 执行"文件 > 打开"命令,打开素材文件"5-3a.jpg",如图 5.55 所示。

图 5.54

图 5.55

步骤 20 拖曳素材文件至当前文档中,此时"图层"面板下方将自动生成"图层 1"图层,移动素材文件到合适位置,如图 5.56 所示。

步骤 21 选择"图层 1"图层,单击"图层"面板下方的"添加图层蒙版"按钮,使用工具箱中的画笔工具,对素材进行涂抹,如图 5.57 所示。

图 5.56

图 5.57

步骤 22 执行"文件 > 打开"命令,打开素材文件"5-3b.jpg",如图 5.58 所示。

步骤 23 拖曳素材文件至当前文档中,此时"图层"面板下方将自动生成"图层 2"图层,移动素材文件到合适位置,如图 5.59 所示。

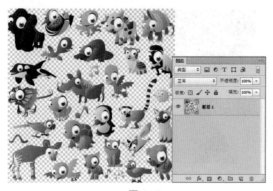

图 5.58

图 5.59

步骤 24 单击"图层"面板下方的"添加图层蒙版"按钮，使用工具箱中的画笔工具，选择"蒙版"缩略图进行涂抹，被涂抹的部分将显示"背景"图层，如图 5.60 所示。

步骤 25 涂抹完成后，就完成制作，效果如图 5.61 所示。

图 5.60

图 5.61

5.4　美好的瞬间

本案例中的照片光线昏暗，宝宝可爱的神态没有被完全表现出来，通过"曲线"命令的调节可以提高人物与背景之间的对比度，然后通过"色阶""色相/饱和度"命令的调节使画面的色调更加绚丽饱满，更加惹人眼球，如图 5.62 所示。

原图

效果图

图 5.62

步骤 01 执行"文件 > 打开"命令，或按【Ctrl+O】组合键，打开素材文件"5-4.jpg"，拖曳"背景"图层至"图层"面板下方的"创建新图层"按钮 上，新建"背景 副本"图层，如图 5.63 所示。

步骤 02 单击"图层"面板下方的"创建新的填充或调整图层"按钮 ，在打开的下拉列表中选择"曲线"选项，打开"属性"面板，调节参数，提高画面明暗对比，如图 5.64 所示。

图 5.63

图 5.64

步骤 03 单击"图层"面板下方的"创建新的填充或调整图层"按钮 ，在打开的下拉列表中选择"色阶"选项，打开"属性"面板，调节参数，如图 5.65 所示。

步骤 04 单击"图层"面板下方的"创建新的填充或调整图层"按钮 ，在打开的下拉列表中选择"自然饱和度"选项，打开"属性"面板，调节参数，如图 5.66 所示。

图 5.65

图 5.66

步骤 05 单击"图层"面板下方的"创建新的填充或调整图层"按钮 ，在打开的下拉列表中选择"色相/饱和度"选项，打开"属性"面板，调节参数，如图 5.67 所示。

步骤 06 单击"图层"面板下方的"创建新的填充或调整图层"按钮 ，在打开的下拉列表中选择"照片滤镜"选项，打开"属性"面板，调节参数，如图 5.68 所示。

步骤 07 单击"图层"面板下方的"创建新的填充或调整图层"按钮 ，在打开的下拉列表中选择"可选颜色"选项，打开"属性"面板，调节参数，如图 5.69 所示。

步骤 08 在"颜色"下拉列表中选择"黄色"选项，调节参数，如图 5.70 所示。

图 5.67

图 5.68

图 5.69

图 5.70

步骤 09 在"颜色"下拉列表中选择"白色"选项,调节参数,如图 5.71 所示。

步骤 10 在"颜色"下拉列表中选择"中性色"选项,调节参数,如图 5.72 所示。

图 5.71

图 5.72

步骤 11 在"颜色"下拉列表中选择"黑色"选项,调节参数,调节不同颜色的参数,可以为画面增加其他色调进去,使画面看起来唯美浪漫,如图 5.73 所示。

步骤 12 单击"图层"面板下方的"创建新的填充或调整图层"按钮 ◉|,在打开的下拉列表中选择"色阶"选项,打开"属性"面板,调节参数,增加照片的暗部及画面的重感,如图 5.74 所示。

步骤 13 选择"背景 副本"图层,按【Ctrl+Alt+2】组合键,选择该图层的高光,载入选区,如图 5.75 所示。

步骤 14 单击"图层"面板下方的"创建新的填充或调整图层"按钮 ◉|,在打开的下拉列表中选择"曲线"选项,打开"属性"面板,调节参数,完成后的效果如图 5.76 所示。

图 5.73

图 5.74

图 5.75

图 5.76

5.5　阳光灿烂的童年

　　本案例中的照片色调过于沉闷和生硬，缺少柔和的气氛，通过"曲线"命令的调节可以提高暗部的亮度，然后通过对"可选颜色"命令中各个颜色的调节，可以减少照片的生硬感，使照片的色彩更加均衡柔美，如图 5.77 所示。

图 5.77

步骤 01 执行"文件 > 打开"命令，或按【Ctrl+O】组合键，打开素材文件"5-5.jpg"。按【Ctrl+J】组合键，复制"背景"图层，新建"图层 1"图层，如图 5.78 所示。

步骤 02 单击"图层"面板下方的"创建新的填充或调整图层"按钮 ⊘，在打开的下拉列表中选择"曲线"选项，打开"属性"面板，调节参数，提高暗部光线，如图 5.79 所示。

图 5.78   图 5.79

步骤 03 选择"图层 1"图层，按【Ctrl+Alt+2】组合键，选择该图层的高光部分，载入选区，如图 5.80 所示。

步骤 04 单击"图层"面板下方的"创建新的填充或调整图层"按钮 ◓|，在打开的下拉列表中选择"曲线"选项，打开"属性"面板，调节参数，如图 5.81 所示。

图 5.80   图 5.81

步骤 05 单击"图层"面板下方的"创建新的填充或调整图层"按钮 ◓|，在打开的下拉列表中选择"色相/饱和度"选项，打开"属性"面板，调节参数，使画面的色调更加鲜艳明快，如图 5.82 所示。

步骤 06 单击"图层"面板下方的"创建新的填充或调整图层"按钮 ◓|，在打开的下拉列表中选择"可选颜色"选项，打开"属性"面板，调节参数，如图 5.83 所示。

图 5.82   图 5.83

步骤 07 在"颜色"下拉列表中选择"黄色"选项，调节参数，如图 5.84 所示。

步骤 08 在"颜色"下拉列表中选择"绿色"选项，调节参数，如图 5.85 所示。

图 5.84　　　　　　　　　　　　　　　图 5.85

步骤 09 在"颜色"下拉列表中选择"中性色"选项，调节参数，如图 5.86 所示。

步骤 10 在"颜色"下拉列表中选择"黑色"选项，调节参数，对不同的颜色进行调节，可以使画面的色彩基调更加明确，使色彩更加自然，如图 5.87 所示。

图 5.86　　　　　　　　　　　　　　　图 5.87

步骤 11 切换到"通道"面板，选择"蓝"通道，执行"图像 > 调整 > 曲线"命令，在弹出的对话框中调节参数，单击"确定"按钮，如图 5.88 所示。

步骤 12 执行"文件 > 打开"命令，打开素材文件"5-5a.psd"，如图 5.89 所示。

图 5.88　　　　　　　　　　　　　　　图 5.89

步骤 13 将需要的素材文件拖曳到当前文档中，按【Ctrl+T】组合键自由变换，将素材调整到合适的大小和位置，如图 5.90 所示。

步骤 14 至此，就完成制作，效果如图 5.91 所示。

图 5.90

图 5.91

5.6 余晖下的温情瞬间

　　本案例中的照片曝光不足，导致人物昏暗不清，通过运用"曲线"命令使画面得到充足的光线，再运用"可选颜色"命令调整画面光线，增强画面亮度，最后运用"光源效果"命令为照片增加光照效果，使画面更具温馨的感觉，如图 5.92 所示。

图 5.92

步骤 01 执行"文件＞打开"命令，或按【Ctrl+O】组合键，打开素材文件"5-6.jpg"，拖曳"背景"图层至"图层"面板下方的"创建新图层"按钮 上，新建"背景 副本"图层，如图 5.93 所示。

步骤 02 由于整个画面曝光不足，有些偏黑，单击"图层"面板下方的"创建新的填充或调整图层"按钮 ，在打开的下拉列表中选择"曲线"选项，打开"属性"面板，调节参数，提亮画面整体色调，如图 5.94 所示。

图 5.93

图 5.94

步骤 03 选择"背景 副本"图层，按【Ctrl+Alt+2】组合键，选择该图层的高光，载入选区，如图 5.95 所示。

步骤 04 单击"图层"面板下方的"创建新的填充或调整图层"按钮 ⊘，在打开的下拉列表中选择"曲线"选项，打开"属性"面板，调节参数，如图 5.96 所示。

图 5.95   图 5.96

步骤 05 按【Ctrl++】组合键，将图像放大，使用工具箱中的修补工具 ，拖曳建立选区，框选宝宝脸部的小痘痘，如图 5.97 所示。

步骤 06 建立好选区后，将选区拖曳至宝宝脸部的其他部位，可以发现小痘痘被去除了，如图 5.98 所示。

图 5.97   图 5.98

步骤 07 设置前景色为褐色，单击"图层"面板下方的"创建新图层"按钮 ，新建"图层 1"图层，如图 5.99 所示。

步骤 08 使用工具箱中的画笔工具 ，涂抹宝宝的脸部及额头区域，如图 5.100 所示。

图 5.99   图 5.100

步骤 09 使用工具箱中的橡皮擦工具 ，擦除多余的部分，使宝宝脸部的颜色过渡自然一些，如图 5.101 所示。

步骤 10 单击"图层"面板下方的"创建新的填充或调整图层"按钮 ⊘|，在打开的下拉列表中选择"色阶"选项，打开"属性"面板，调节参数，如图 5.102 所示。

图 5.101   图 5.102

步骤 11 按【Ctrl++】组合键，将图像放大，可以看到人物的脸部有斑点，现在准备对它进行修复，如图 5.103 所示。

步骤 12 使用工具箱中的修补工具 ❖，拖曳建立选区，框选人物额头部的斑点，移动到脸部其他位置，修复斑点，如图 5.104 所示。

图 5.103   图 5.104

步骤 13 单击"图层"面板下方的"创建新的填充或调整图层"按钮 ⊘|，在打开的下拉列表中选择"曲线"选项，打开"属性"面板，调节参数，提高画面的整体亮度，如图 5.105 所示。

步骤 14 单击"图层"面板下方的"创建新的填充或调整图层"按钮 ⊘|，在打开的下拉列表中选择"曲线"选项，打开"属性"面板，选择"红"通道，调节参数，如图 5.106 所示。

图 5.105   图 5.106

步骤 15 在"曲线"对话框中选择"绿"通道，调节参数，如图 5.107 所示。

步骤 16 对"绿"通道的参数调整完成后，继续选择"蓝"通道，调节参数，如图 5.108 所示。

图 5.107

图 5.108

步骤 17 单击"图层"面板下方的"创建新的填充或调整图层"按钮 ，在打开的下拉列表中选择"可选颜色"选项，打开"属性"面板，调节参数，如图 5.109 所示。

步骤 18 在"颜色"下拉列表中选择"黄色"选项，调节参数，如图 5.110 所示。

图 5.109

图 5.110

步骤 19 在"颜色"下拉列表中选择"白色"选项，调节参数，如图 5.111 所示。

步骤 20 在"颜色"下拉列表中选择"中性色"选项，调节参数，如图 5.112 所示。

图 5.111

图 5.112

步骤 21 在"颜色"下拉列表中选择"黑色"选项，调节参数，如图 5.113 所示。

步骤 22 切换到"通道"面板，选择"蓝"通道，此时图像变为黑白色调，如图 5.114 所示。

图 5.113

图 5.114

步骤 23 执行"图像 > 调整 > 曲线"命令，弹出"曲线"对话框，调节参数，单击"确定"按钮，如图 5.115 所示。

步骤 24 在"可选颜色"调整面板的"颜色"下拉列表中选择"黄色"选项，调节参数，如图 5.116 所示。

图 5.115

图 5.116

步骤 25 单击"图层"面板下方的"创建新的填充或调整图层"按钮 ，在打开的下拉列表中选择"色相/饱和度"选项，打开"属性"面板，调节参数，使画面的色调更加鲜艳，如图 5.117 所示。

步骤 26 单击"图层"面板下方的"添加图层蒙版"按钮，将前景色设置为黑色，使用工具箱中的画笔工具，涂抹色调有偏差的地方，使其恢复到正常色调，如图 5.118 所示。

图 5.117

图 5.118

步骤 27 单击"图层"面板下方的"创建新的填充或调整图层"按钮 ，在打开的下拉列表中选择"曲线"选项，打开"属性"面板，调节参数，如图 5.119 所示。

步骤 28 选择"背景 副本"图层，执行"滤镜 > Knoll Light Factory > 光源效果"命令，在弹出的对话框中设置参数，单击"确定"按钮，如图 5.120 所示。

图 5.119

图 5.120

步骤 29 应用"光源效果"滤镜后，可以发现图像的效果更加美好，如图 5.121 所示。

图 5.121

步骤 30 执行"滤镜 > 锐化 > 智能锐化"命令，弹出"智能锐化"对话框，设置参数，单击"确定"按钮，完成后的效果如图 5.122 所示。

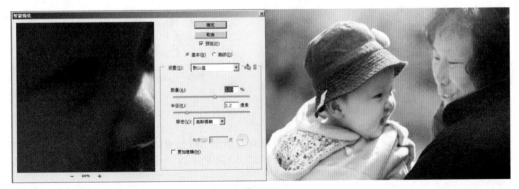

图 5.122

(!) 提示

　　利用顶光或背景光进行拍摄时，可在一定程度上营造出一种特殊的画面氛围，合理地运用这类光源，也可使照片的气氛更加浓郁。

5.7　与毛绒玩具的美好回忆

　　本案例中的照片是与毛绒玩具的合影，本应该以温暖的色调为主，然而照片的色调却有些偏冷，通过"照片滤镜"命令可以为照片加温，让照片的色调变为暖黄色彩，然后使用"自由变换"命令为照片添加倒影效果，使整个画面更温馨，如图 5.123 所示。

图 5.123

步骤 01 执行"文件 > 打开"命令，或按【Ctrl+O】组合键，打开素材文件"5-7.jpg"，拖曳"背景"图层至"图层"面板下方的"创建新图层"按钮 □ 上，新建"背景 副本"图层，如图 5.124 所示。

步骤 02 单击"图层"面板下方的"创建新的填充或调整图层"按钮 ●|，在打开的下拉列表中选择"曲线"选项，打开"属性"面板，调节参数，如图 5.125 所示。

图 5.124　　　　　　　　　　　图 5.125

步骤 03 单击"图层"面板下方的"创建新的填充或调整图层"按钮 ●|，在打开的下拉列表中选择"亮度/对比度"选项，打开"属性"面板，调节参数，如图 5.126 所示。

步骤 04 单击"图层"面板下方的"创建新的填充或调整图层"按钮 ●|，在打开的下拉列表中选择"照片滤镜"选项，打开"属性"面板，调节参数，如图 5.127 所示。

步骤 05 单击"图层"面板下方的"创建新的填充或调整图层"按钮 ●|，在打开的下拉列表中选择"色阶"选项，打开"属性"面板，调节参数，如图 5.128 所示。

步骤 06 单击"图层"面板下方的"创建新的填充或调整图层"按钮 ●|，在打开的下拉列表中选择"可选颜色"选项，打开"属性"面板，调节参数，如图 5.129 所示。

图 5.126

图 5.127

图 5.128

图 5.129

步骤 07 在"颜色"下拉列表中选择"黄色"选项，调节参数，如图 5.130 所示。

步骤 08 在"颜色"下拉列表中选择"白色"选项，调节参数，如图 5.131 所示。

图 5.130

图 5.131

步骤 09 在"颜色"下拉列表中选择"中性色"选项，调节参数，如图 5.132 所示。

步骤 10 在"颜色"下拉列表中选择"黑色"选项，调节参数，对多个颜色进行调节，可以为照片增加暖色调，如图 5.133 所示。

步骤 11 拖曳"背景 副本"图层至"图层"面板下方的"创建新图层"按钮 上，新建"背景 副本 2"图层，按【Ctrl+T】组合键自由变换，将图层旋转 180°，如图 5.134 所示。

步骤 12 使用工具箱中的移动工具 ，将"背景 副本 2"图层移至画面的下方，如图 5.135 所示。

图 5.132 图 5.133

图 5.134 图 5.135

步骤 13 将该图层的混合模式设置为"变暗",此时,图层与画面融合在一起形成倒影效果,如图 5.136 所示。

步骤 14 为了使倒影的效果更加自然,可以将该图层的不透明度降低一些,使用工具箱中的移动工具 ,将"背景 副本 2"图层移动到合适位置,如图 5.137 所示。

图 5.136 图 5.137

步骤 15 单击"图层"面板下方的"添加图层蒙版"按钮 ,设置前景色为黑色,使用工具箱中的画笔工具涂抹画面,使重合的部分被隐藏,如图 5.138 所示。

步骤 16 执行"文件>打开"命令,打开素材文件"5-7a.psd",单击"图层"前面的指示图层可见性按钮 ,隐藏其他不需要的图层,如图 5.139 所示。

图 5.138

图 5.139

步骤 17 单击"图层"前面的指示图层可见性按钮 ，将星星图层显示出来，如图 5.140 所示。

步骤 18 将白云和星星的图层拖曳至当前文档中，使用移动工具 ，将它们移动到合适位置，按【Ctrl+T】组合键自由变换，调整到合适大小，如图 5.141 所示。

图 5.140

图 5.141

步骤 19 将素材文件中的千纸鹤图层拖曳至当前文档中，按【Ctrl+T】组合键自由变换，调整到合适的大小和位置，如图 5.142 所示。

步骤 20 为素材图层添加图层蒙版，使用工具箱中的画笔工具对素材进行修饰，使画面的效果更加完美，如图 5.143 所示。

图 5.142

图 5.143

5.8 我的变脸我做主

本案例中的照片光线不足，颜色昏暗，通过"曲线"命令可以提亮色调，通道"可选颜色"命令使画面的色调变得更具韵味，最后通过运用图层混合模式及图层蒙版对素材进行叠加，使宝宝的照片变为有趣的纪念照，如图 5.144 所示。

图 5.144

步骤 01 执行"文件 > 打开"命令，或按【Ctrl+O】组合键，打开素材文件"5-8.jpg"，拖曳"背景"图层至"图层"面板下方的"创建新图层"按钮 上，新建"背景 副本"图层，如图 5.145 所示。

步骤 02 单击"图层"面板下方的"创建新的填充或调整图层"按钮 ，在打开的下拉列表中选择"曲线"选项，打开"属性"面板，调节参数，让暗部的色调亮起来，如图 5.146 所示。

图 5.145　　　　　　　　　　　　　　　图 5.146

步骤 03 单击"图层"面板下方的"创建新的填充或调整图层"按钮 ，在打开的下拉列表中选择"色阶"选项，打开"属性"面板，调节参数，如图 5.147 所示。

步骤 04 单击"图层"面板下方的"创建新的填充或调整图层"按钮 ，在打开的下拉列表中选择"曝光度"选项，打开"属性"面板，调节参数，如图 5.148 所示。

图 5.147　　　　　　　　　　　　　　　图 5.148

步骤 05 单击"图层"面板下方的"创建新的填充或调整图层"按钮 ◎ ，在打开的下拉列表中选择"色相/饱和度"选项，打开"属性"面板，调节参数，如图 5.149 所示。

步骤 06 单击"图层"面板下方的"创建新的填充或调整图层"按钮 ◎ ，在打开的下拉列表中选择"可选颜色"选项，打开"属性"面板，调节参数，如图 5.150 所示。

图 5.149　　　　　　　　　　　　　　　　图 5.150

步骤 07 在"颜色"下拉列表中选择"黄色"选项，调节参数，如图 5.151 所示。

步骤 08 在"颜色"下拉列表中选择"白色"选项，调节参数，如图 5.152 所示。

图 5.151　　　　　　　　　　　　　　　　图 5.152

步骤 09 在"颜色"下拉列表中选择"中性色"选项，调节参数，如图 5.153 所示。

步骤 10 在"颜色"下拉列表中选择"黑色"选项，调节参数，对不同的颜色进行调整，可以加重画面的色调，增加画面色调的时尚感，使画面基调明确，如图 5.154 所示。

图 5.153　　　　　　　　　　　　　　　　图 5.154

步骤 11 选择"背景 副本"图层，按【Ctrl+Alt+2】组合键，选择该图层的高光区域，载入选区，如图 5.155 所示。

步骤 12 单击"图层"面板下方的"创建新的填充或调整图层"按钮 ⊙.，在打开的下拉列表中选择"曲线"选项，打开"属性"面板，调节参数，如图 5.156 所示。

图 5.155   图 5.156

步骤 13 单击"图层"面板下方的"创建新的填充或调整图层"按钮 ⊙.，在打开的下拉列表中选择"曲线"选项，打开"属性"面板，调节参数，如图 5.157 所示。

步骤 14 为"曲线 3"图层添加图层蒙版，设置前景色为黑色，使用工具箱中的画笔工具涂抹色调不正常的地方，将其隐藏起来，如图 5.158 所示。

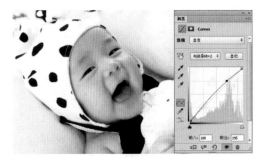

图 5.157   图 5.158

步骤 15 单击"图层"面板下方的"创建新的填充或调整图层"按钮 ⊙.，在打开的下拉列表中选择"曝光度"选项，打开"属性"面板，调节参数，如图 5.159 所示。

步骤 16 执行"文件>打开"命令，在弹出的对话框中打开素材文件"5-8a.psd"，如图 5.160 所示。

图 5.159   图 5.160

步骤 17 将素材文件拖曳至当前文档中，此时，"图层"面板下方将自动生成"图层 1"图层，如图 5.161 所示。

步骤 18 选择"图层 1"图层，将该图层的混合模式设置为"正片叠底"，使用工具箱中的移动工具 ▶♦ 将"图层 1"图层移至合适位置，如图 5.162 所示。

图 5.161

图 5.162

步骤 19 单击"图层"面板下方的"添加图层蒙版"按钮 ▢，设置前景色为黑色，使用工具箱中的画笔工具 ✎，涂抹"图层 1"图层中的图像，将不需要的部分隐藏，如图 5.163 所示。

步骤 20 移动图层的顺序，将"曝光度 2"图层移至"图层 1"图层的上方，如图 5.164 所示。

图 5.163

图 5.164

步骤 21 拖曳"图层 1"图层至"图层"面板下方的"创建新图层"按钮 ▢ 上，新建"图层 1 副本"图层，如图 5.165 所示。

步骤 22 单击"图层"面板下方的"添加图层蒙版"按钮 ▢，设置前景色为黑色，使用工具箱中的画笔工具 ✎，涂抹"图层 1 副本"图层中的图像，将不需要的部分隐藏，如图 5.166 所示。

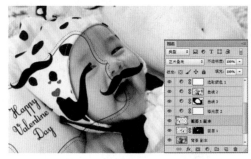

图 5.165

图 5.166

步骤 23 选择"背景 副本"图层，执行"滤镜 > 镜头编辑器"命令，在弹出的对话框中设置参数，单击"确定"按钮，如图 5.167 所示。

步骤 24 选择"背景 副本"图层，执行"滤镜 >Knoll Light Factory> 光源效果"命令，在弹出的对话框中设置参数，单击"确定"按钮，如图 5.168 所示。

图 5.167   图 5.168

步骤 25 执行"图像 > 调整 > 可选颜色"命令，弹出"可选颜色"对话框，调节参数，单击"确定"按钮，完成后的效果如图 5.169 所示。

图 5.169

5.9　我的浪漫星空

　　本案例中的照片是在室内拍摄的，没有星空下的浪漫感觉，通过运用图层混合模式可以叠加浪漫的星空素材，然后通过图层蒙版，使用画笔工具隐藏多余素材，最终使画面呈现出一种浪漫的星空感觉，如图 5.170 所示。

图 5.170

步骤 01 执行"文件 > 打开"命令，或按【Ctrl+O】组合键，打开素材文件"5-9.jpg"。按【Ctrl+J】组合键，复制"背景"图层，新建"图层 1"图层，如图 5.171 所示。

步骤 02 单击"图层"面板下方的"创建新的填充或调整图层"按钮 ● ，在打开的下拉列表中选择"曲线"选项，打开"属性"面板，调节参数，如图 5.172 所示。

图 5.171　　　　　　　　　　　　　　　　　　图 5.172

步骤 03 单击"图层"面板下方的"创建新的填充或调整图层"按钮 ● ，在打开的下拉列表中选择"色阶"选项，打开"属性"面板，调节参数，如图 5.173 所示。

步骤 04 单击"图层"面板下方的"创建新的填充或调整图层"按钮 ● ，在打开的下拉列表中选择"色相/饱和度"选项，打开"属性"面板，调节参数，如图 5.174 所示。

图 5.173　　　　　　　　　　　　　　　　　　图 5.174

步骤 05 选择"图层 1"图层，按【Ctrl+Alt+2】组合键，选择该图层的高光，载入选区，如图 5.175 所示。

步骤 06 单击"图层"面板下方的"创建新的填充或调整图层"按钮 ● ，在打开的下拉列表中选择"曝光度"选项，打开"属性"面板，调节参数，如图 5.176 所示。

步骤 07 单击"图层"面板下方的"创建新的填充或调整图层"按钮 ● ，在打开的下拉列表中选择"照片滤镜"选项，打开"属性"面板，调节参数，如图 5.177 所示。

步骤 08 选择"照片滤镜 1"图层，单击"图层"面板下方的"添加图层蒙版"按钮 ▣ ，设置前景色为黑色，使用工具箱中的画笔工具 ✎ 涂抹画面，将色调不正常的区域隐藏，如图 5.178 所示。

图 5.175

图 5.176

图 5.177

图 5.178

步骤 09 单击"图层"面板下方的"创建新的填充或调整图层"按钮 ◯|，在打开的下拉列表中选择"可选颜色"选项，打开"属性"面板，在"颜色"下拉列表中选择"红色"选项，调节参数，如图 5.179 所示。

步骤 10 在"颜色"下拉列表中选择"黄色"选项，调节参数，如图 5.180 所示。

图 5.179

图 5.180

步骤 11 在"颜色"下拉列表中选择"白色"选项，调节参数，如图 5.181 所示。

步骤 12 在"颜色"下拉列表中选择"中性色"选项，调节参数，如图 5.182 所示。

步骤 13 在"颜色"下拉列表中选择"黑色"选项，调节参数，如图 5.183 所示。

步骤 14 单击"图层"面板下方的"创建新的填充或调整图层"按钮 ，在打开的下拉列表中选择"色相/饱和度"选项，打开"属性"面板，调节参数，如图 5.184 所示。

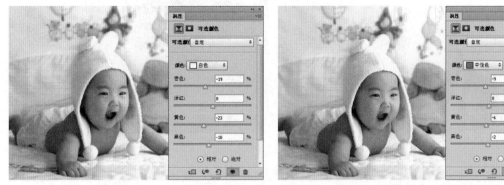

图 5.181　　　　　　　　　　　　　　图 5.182

图 5.183　　　　　　　　　　　　　　图 5.184

步骤 15 在"颜色"下拉列表中选择"红色"选项，调节参数，如图 5.185 所示。

步骤 16 在"颜色"下拉列表中选择"白色"选项，调节参数，如图 5.186 所示。

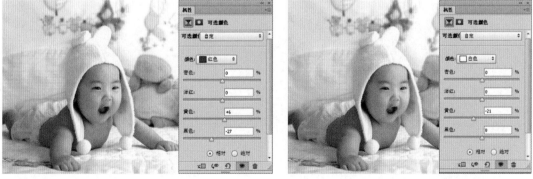

图 5.185　　　　　　　　　　　　　　图 5.186

步骤 17 在"颜色"下拉列表中选择"中性色"选项，调节参数，如图 5.187 所示。

步骤 18 执行"文件 > 打开"命令，在弹出的对话框中打开素材文件"5-9a.jpg"，如图 5.188 所示。

图 5.187

图 5.188

步骤 19 将素材文件拖曳到当前文档中，"图层"面板下方将自动生成"图层 2"图层，将该图层的混合模式设置为"正片叠底"，如图 5.189 所示。

步骤 20 复制"图层 2"图层，按【Ctrl+T】组合键自由变换，将其调整到合适的大小和位置。使用同样的方法为该图层添加图层蒙版，选择画笔工具 ，涂抹需要隐藏的部分，完成后的效果如图 5.190 所示。

图 5.189

图 5.190

个性写真特效处理

第 **6** 章

6.1 红衣风情写真

在为人物拍摄照片时，有时照片本身就缺少一种韵味。本案例中的照片看起来平淡无奇，可以通过对"照片滤镜""可选颜色""曲线""光源效果"等命令的调节，为照片增强古典风情的韵味，如图 6.1 所示。

图 6.1

步骤 01 按【Ctrl+O】组合键，打开素材文件"6-1.jpg"，将"背景"图层拖曳到"创建新图层"按钮 上，得到"背景 副本"图层，如图 6.2 所示。

步骤 02 单击"图层"面板下方的"创建新的填充或调整图层"按钮 ，在打开的下拉列表中选择"曲线"选项，参数设置如图 6.3 所示。

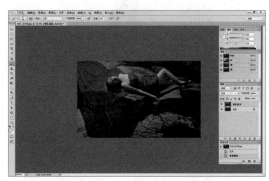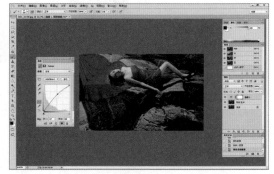

图 6.2   图 6.3

步骤 03 选中"背景 副本"图层，单击"创建新的填充或调整图层"按钮 ，在打开的下拉列表中选择"亮度/对比度"选项，参数设置如图 6.4 所示。

步骤 04 选中"背景 副本"图层，单击"创建新的填充或调整图层"按钮 ，在打开的下拉列表中选择"曝光度"选项，参数设置如图 6.5 所示。

步骤 05 单击"图层"面板下方的"创建新的填充或调整图层"按钮 ，在打开的下拉列表中选择"色阶"选项，在打开的"属性"面板中选择"蓝"通道，参数设置如图 6.6 所示。

步骤 06 选择"绿"通道，参数设置如图 6.7 所示。

步骤 07 对单个通道设置完成后，选择"RGB"通道，参数设置如图 6.8 所示。

步骤 08 单击"图层"面板下方的"创建新的填充或调整图层"按钮 ，在打开的下拉列表中选择"可选颜色"选项，在"颜色"下拉列表中选择"红色"选项，参数设置如图 6.9 所示。

图 6.4

图 6.5

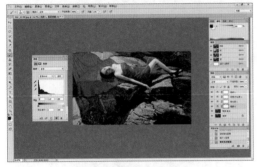

图 6.6

图 6.7

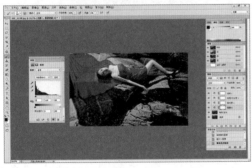

图 6.8

图 6.9

步骤 09 在"颜色"下拉列表中选择"黄色"选项，参数设置如图 6.10 所示。

步骤 10 在"颜色"下拉列表中选择"白色"选项，参数设置如图 6.11 所示。

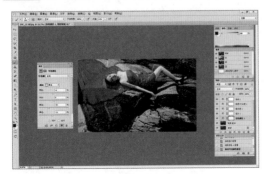

图 6.10

图 6.11

步骤 11 在"颜色"下拉列表中选择"中性色"选项，参数设置如图 6.12 所示。

步骤 12 在"颜色"下拉列表中选择"黑色"选项，参数设置如图 6.13 所示。

图 6.12

图 6.13

步骤 13 单击"图层"面板下方的"创建新的填充或调整图层"按钮 ⊘，在打开的下拉列表中选择"照片滤镜"选项，在下拉列表中选择"深褐"选项，"浓度"参数设置如图 6.14 所示。

步骤 14 单击"图层"面板下方的"创建新的填充或调整图层"按钮 ⊘，在打开的下拉列表中选择"曲线"选项，参数设置如图 6.15 所示。

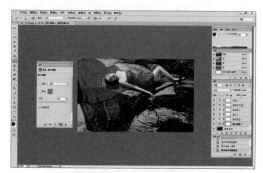

图 6.14

图 6.15

步骤 15 选择"背景 副本"图层，按【Ctrl+E】组合键，向下合并图层，合成"背景"图层，如图 6.16 所示。

步骤 16 选中"背景 副本"图层，执行"滤镜 >Knoll Light Factory> 光源效果"命令，参数设置如图 6.17 所示，设置完毕后单击"确定"按钮。

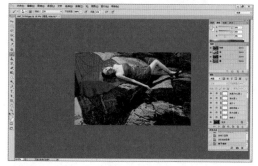

图 6.16

图 6.17

步骤 17 将"背景"图层拖曳到"创建新图层"按钮□上，得到"背景 副本"图层，如图 6.18 所示。

步骤 18 选择"背景 副本"图层，将该图层的"不透明度"设置为 50%，在工具箱中选择画笔工具，在工具选项栏中设置参数，在页面内涂抹，效果如图 6.19 所示。

图 6.18

图 6.19

步骤 19 单击"图层"面板下方的"创建新的填充或调整图层"按钮●，在打开的下拉列表中选择"亮度/对比度"选项，参数设置如图 6.20 所示。

步骤 20 将"背景 副本"图层的"不透明度"设置为 68%。

　　至此，制作完成，最终效果如图 6.21 所示。

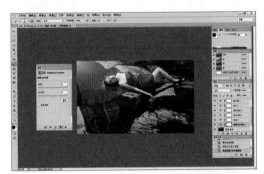

图 6.20

图 6.21

6.2　海韵风情写真

　　本案例中的照片为一张海边的人像摄影，原片几近黄昏，海天没有该有的蓝色，人物皮肤也比较黯淡昏黄。通过运用"曲线"命令为画面添色，运用"通道混合器"命令使画面看起来清新柔和，最终使画面中的人物更加清新亮丽，海天之间清澈湛蓝，如图 6.22 所示。

步骤 01 按【Ctrl+O】组合键，打开素材文件"6-2.jpg"，将"背景"图层拖曳到"创建新图层"按钮□上，得到"背景 副本"图层，如图 6.23 所示。

步骤 02 单击"图层"面板下方的"创建新的填充或调整图层"按钮●，在打开的下拉列表中选择"曲线"选项，在打开的"属性"面板中设置参数，提高画面亮度，让画面看起来光线充足，如图 6.24 所示。

原　图

效果图

图 6.22

图 6.23　　　　　　　　　　　　　　　图 6.24

步骤 03 执行"滤镜 > 液化"命令，弹出"液化"对话框，对人物身体过胖的部位进行液化，使得人物看起来苗条一些，如图 6.25 所示。

步骤 04 设置各项参数，选择向前变形工具，在图像上拖动鼠标，进行液化操作，如图 6.26 所示。

图 6.25　　　　　　　　　　　　　　　图 6.26

步骤 05 液化操作完毕后，单击"确定"按钮，效果如图 6.27 所示。

步骤 06 单击"图层"面板下方的"创建新的填充或调整图层"按钮，在打开的下拉列表中选择"亮度/对比度"选项，在打开的"属性"面板中设置参数，再次整体提高画面亮度，这样操作会使光线看起来更加均匀，如图 6.28 所示。

图 6.27	图 6.28

步骤 07 由于照片缺少应有的蓝色，单击"图层"面板下方的"创建新的填充或调整图层"按钮 ，在打开的下拉列表中选择"照片滤镜"选项，设置参数，为其增添蓝色，如图 6.29 所示。

步骤 08 为了使增添的颜色看起来更自然，将照片滤镜的"不透明度"设置为 67%，如图 6.30 所示。

图 6.29	图 6.30

步骤 09 单击"图层"面板下方的"创建新的填充或调整图层"按钮 ，在打开的下拉列表中选择"可选颜色"选项，在"颜色"下拉列表中选择"黑色"选项，参数设置如图 6.31 所示。

步骤 10 在"颜色"下拉列表中选择"黄色"选项，设置参数，效果如图 6.32 所示。

图 6.31	图 6.32

步骤 11 在"颜色"下拉列表中选择"白色"选项，设置参数，效果如图 6.33 所示。分别对画面中的黑色、白色、黄色进行调整，从而建立画面整体的颜色基调。

步骤 12 单击"图层"面板下方的"创建新的填充或调整图层"按钮 🖊️，在打开的下拉列表中选择"通道混和器"选项，设置参数，可进一步确定照片的颜色基调，如图 6.34 所示。

图 6.33   图 6.34

步骤 13 单击"图层"面板下方的"创建新的填充或调整图层"按钮 🖊️，在打开的下拉列表中选择"色阶"选项，设置参数，可增加照片的暗部，增加画面的重量感，如图 6.35 所示。

至此，制作完成，最终效果如图 6.36 所示。

图 6.35   图 6.36

6.3 古典主义风情写真

本案例中的照片光线昏暗，天空和人物之间因为光线的问题模糊不清，通过运用"亮度/对比度"工具可以提高蓝天和人物之间的对比，通过运用"渐变工具"增加天空的颜色，让天空看起来更加绚丽多彩，使画面对比强烈，突出人物，主次分明，如图 6.37 所示。

步骤 01 按【Ctrl+O】组合键，打开素材文件"6-3.jpg"，将"背景"图层拖曳到"创建新图层"按钮 🖿 上，得到"背景 副本"图层，如图 6.38 所示，可以看到由于光线的原因导致拍摄出来的原片曝光不足。

步骤 02 单击"图层"面板下方的"创建新的填充或调整图层"按钮 🖊️，在打开的下拉列表中选择"曲线"选项，设置参数，提亮暗部光线，如图 6.39 所示。

图 6.37

图 6.38　　　　　　　　　　　　　　　　图 6.39

步骤 03 在"通道"下拉列表中选择"蓝"通道，设置参数，提高曲线中蓝色通道的颜色，如图 6.40 所示。

步骤 04 单击"图层"面板下方的"创建新的填充或调整图层"按钮 ，在打开的下拉列表中选择"亮度/对比度"选项，设置参数，提高画面整体亮度，如图 6.41 所示。

图 6.40　　　　　　　　　　　　　　　　图 6.41

步骤 05 由于画面中颜色太单调，单击"图层"面板下方的"创建新的填充或调整图层"按钮 ，在打开的下拉列表中选择"照片滤镜"选项，设置参数，为画面增加暖色调的黄色，如图 6.42 所示。

步骤 06 单击"图层"面板下方的"创建新的填充或调整图层"按钮 ，在打开的下拉列表中选择"可选颜色"选项，在"颜色"下拉列表中选择"中性色"选项，参数设置如图 6.43 所示。

步骤 07 在"颜色"下拉列表中选择"黑色"选项，设置参数，效果如图 6.44 所示。

步骤 08 在"颜色"下拉列表中选择"黄色"选项，设置参数，效果如图 6.45 所示。

图 6.42

图 6.43

图 6.44

图 6.45

步骤 09 在"颜色"下拉列表中选择"白色"选项，设置参数，效果如图 6.46 所示。运用"可选颜色"分别调整中性色、黑色、黄色、白色，可以让画面天空的颜色更加丰富。

步骤 10 单击"图层"面板下方的"创建新的填充或调整图层"按钮 ，在打开的下拉列表中选择"曲线"选项，设置参数，提高画面中天空的亮度，如图 6.47 所示。

图 6.46

图 6.47

步骤 11 在工具箱中选择渐变工具 ，在工具选项栏中单击 按钮，弹出"渐变编辑器"窗口，设置由蓝色到透明的渐变，单击"确定"按钮，在工具选项栏中单击 按钮，在页面内拖动绘制渐变，如图 6.48 所示。

步骤 12 在工具箱中选择减淡工具 ，在页面内单击使图像局部变亮，提亮天空中间的亮度，使天空看起来有过渡感，如图 6.49 所示。

图 6.48

图 6.49

步骤 13 单击"图层"面板下方的"创建新的填充或调整图层"按钮 ，在打开的下拉列表中选择"色相/饱和度"选项，如图 6.50 所示。

步骤 14 单击"图层"面板下方的"创建新的填充或调整图层"按钮 ，在打开的下拉列表中选择"色阶"选项，设置参数。

至此，制作完成，最终效果如图 6.51 所示。

图 6.50

图 6.51

6.4 高雅风情写真

本案例中的照片原本为黑白人像，通过运用"曲线"工具调整通道各层的颜色，运用"照片滤镜"为画面增加暖色，最终将一张色调平淡的黑白照片调整为暖色调的唯美婚纱单人照片，如图 6.52 所示。

步骤 01 按【Ctrl+O】组合键，打开素材文件"6-4.jpg"，将"背景"图层拖曳到"创建新图层"按钮 上，得到"背景 副本"图层，如图 6.53所示。

图 6.52

步骤 02 在工具箱中选择缩放工具 🔍，将图像局部放大，如图 6.54 所示。

图 6.53   图 6.54

步骤 03 将前景色（R、G、B）设置为（179、169、159），选择画笔工具 🖌️，设置带有羽化值的笔刷，在页面内涂抹，修复画面中人物面部的斑点，如图 6.55 所示。

步骤 04 单击"图层"面板下方的"创建新的填充或调整图层"按钮 ⬤，在打开的下拉列表中选择"曲线"选项，提亮明度，增加对比，并对"红"通道及"蓝"通道进行颜色矫正，如图 6.56 所示。

图 6.55   图 6.56

步骤 05 在"通道"下拉列表中选择"红"通道，设置参数，如图 6.57 所示。

步骤 06 在"通道"下拉列表中选择"蓝"通道，设置参数，效果如图 6.58 所示。

图 6.57   图 6.58

步骤 07 单击"图层"面板下方的"创建新的填充或调整图层"按钮 ❷，在打开的下拉列表中选择"照片滤镜"选项，为画面增加颜色，参数设置如图 6.59 所示。

步骤 08 单击"图层"面板下方的"创建新的填充或调整图层"按钮 ❷，在打开的下拉列表中选择"亮度/对比度"选项，进一步增加画面亮度，参数设置如图 6.60 所示。

图 6.59

图 6.60

步骤 09 单击"图层"面板下方的"创建新的填充或调整图层"按钮 ❷，在打开的下拉列表中选择"可选颜色"选项，在"颜色"下拉列表中选择"黄色"选项，参数设置如图 6.61 所示。

步骤 10 在"颜色"下拉列表中选择"红色"选项，设置参数，效果如图 6.62 所示。

图 6.61

图 6.62

步骤 11 在"颜色"下拉列表中选择"白色"选项，设置参数，效果如图 6.63 所示。

步骤 12 在"颜色"下拉列表中选择"中性色"选项，设置参数，效果如图 6.64 所示。

图 6.63

图 6.64

步骤 13 在"颜色"下拉列表中选择"黑色"选项，设置参数，效果如图 6.65 所示。运用"可选颜色"分别调整红色、白色、中性色、黑色，为画面增加颜色。

步骤 14 单击"图层"面板下方的"创建新的填充或调整图层"按钮 **⊘**，在打开的下拉列表中选择"色阶"选项，分别对红、绿、蓝通道再次进行整体颜色调整，参数设置如图 6.66 所示。

图 6.65

图 6.66

步骤 15 在"通道"下拉列表中选择"红"通道，设置参数，效果如图 6.67 所示。

步骤 16 在"通道"下拉列表中选择"绿"通道，设置参数，效果如图 6.68 所示。

图 6.67

图 6.68

步骤 17 在"通道"下拉列表中选择"蓝"通道，设置参数，效果如图 6.69 所示。

步骤 18 单击"图层"面板下方的"创建新的填充或调整图层"按钮 **⊘**，在打开的下拉列表中选择"照片滤镜"选项，为画面增加颜色，参数设置如图 6.70 所示。

图 6.69

图 6.70

步骤 19 为了使增添的颜色更加自然，将"照片滤镜"的"不透明度"设置为 25%，效果如图 6.71 所示。

步骤 20 单击"图层"面板下方的"创建新的填充或调整图层"按钮 ，在打开的下拉列表中选择"色相/饱和度"选项，参数设置如图 6.72 所示。

图 6.71

图 6.72

步骤 21 选中"背景 副本"图层，按【Ctrl+M】组合键，弹出"曲线"对话框，在"通道"下拉列表中选择"蓝"通道，参数设置如图 6.73 所示。

步骤 22 设置完毕后，单击"确定"按钮，效果如图 6.74 所示。

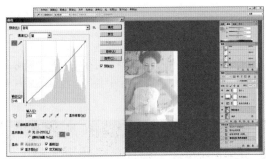

图 6.73

图 6.74

步骤 23 单击"图层"面板下方的"创建新的填充或调整图层"按钮 ，在打开的下拉列表中选择"曲线"选项，参数设置如图 6.75 所示。

步骤 24 将"曲线"调整图层的"不透明度"设置为 43%，效果如图 6.76 所示。

图 6.75

图 6.76

步骤 25 单击"图层"面板下方的"创建新的填充或调整图层"按钮 <0>,在打开的下拉列表中选择"色阶"选项,参数设置如图 6.77 所示。

至此,制作完成,最终效果如图 6.78 所示。

图 6.77

图 6.78

6.5　浪漫民国风写真

本案例中的照片是在外景下拍摄出来的一个浪漫温馨的时刻,由于客观因素的存在,原本温馨的时刻消失殆尽,通过调整"曲线"命令、"可选颜色"命令、"亮度/对比度"命令中参数,可以使照片重获浪漫的感觉,如图 6.79 所示。

图 6.79

步骤 01 按【Ctrl+O】组合键,打开素材文件"6-5.jpg",将"背景"图层拖曳到"创建新图层"按钮 上,得到"背景 副本"图层,如图 6.80 所示。

步骤 02 单击"图层"面板下方的"创建新的填充或调整图层"按钮 <0>,在打开的下拉列表中选择"曲线"选项,提高明暗对比度,增加亮部光线,参数设置如图 6.81 所示。

图 6.80   图 6.81

步骤 03 单击"图层"面板下方的"创建新的填充或调整图层"按钮 ，在打开的下拉列表中选择"色阶"
选项，参数设置如图 6.82 所示。

步骤 04 单击"图层"面板下方的"创建新的填充或调整图层"按钮 ，在打开的下拉列表中选择"色彩
平衡"选项，将"色调"设置为"中间调"，提高明暗对比度，增加亮部光线，参数设置如图 6.83 所示。

图 6.82   图 6.83

步骤 05 将"色调"设置为"高光"，设置参数，效果如图 6.84 所示。

步骤 06 单击"图层"面板下方的"创建新的填充或调整图层"按钮 ，在打开的下拉列表中选择"可选
颜色"选项，在"颜色"下拉列表中选择"红色"选项，参数设置如图 6.85 所示。

图 6.84   图 6.85

步骤 07 在"颜色"下拉列表中选择"黄色"选项，设置参数，效果如图 6.86 所示。

步骤 08 在"颜色"下拉列表中选择"白色"选项，设置参数，效果如图 6.87 所示。

图 6.86　　　　　　　　　　　　　　　　　图 6.87

步骤 09 在"颜色"下拉列表中选择"中性色"选项，设置参数，效果如图 6.88 所示。

步骤 10 在"颜色"下拉列表中选择"黑色"选项，设置参数，效果如图 6.89 所示。

图 6.88　　　　　　　　　　　　　　　　　图 6.89

步骤 11 单击"图层"面板下方的"创建新的填充或调整图层"按钮，在打开的下拉列表中选择"亮度/对比度"选项，参数设置如图 6.90 所示。

步骤 12 单击"图层"面板下方的"创建新的填充或调整图层"按钮，在打开的下拉列表中选择"可选颜色"选项，在"颜色"下拉列表中选择"黑色"选项，让画面黑色减少，蓝色凸显，参数设置如图 6.91所示。

图 6.90　　　　　　　　　　　　　　　　　图 6.91

步骤 13 单击"图层"面板下方的"创建新的填充或调整图层"按钮 ❻ ，在打开的下拉列表中选择"可选颜色"选项，在"颜色"下拉列表中选择"黑色"选项，参数设置如图 6.92 所示。

步骤 14 选中"选取颜色 3"图层，将该图层的"不透明度"设置为 30%，让颜色看起来更自然。

至此，本案例就制作完成了，最终效果如图 6.93 所示。

图 6.92　　　　　　　　　　　　　　　　　　　　　图 6.93

6.6　碧水蓝山写真

本案例中的照片色彩饱和度欠缺，光线昏暗。通过运用"色相/饱和度"工具可以增加画面的色彩饱和度，让画面颜色绚丽，运用外挂的"光源效果"滤镜为画面增加阳光光晕，使画面光感十足，形成一张唯美大气的婚纱单人照，如图 6.94 所示。

原 图　　　　　　　　　　　　　　　　　　　　效果图

图 6.94

步骤 01 按【Ctrl+O】组合键，打开素材文件"6-6.jpg"，将"背景"图层拖曳到"创建新图层"按钮 ◻ 上，得到"背景 副本"图层，如图 6.95 所示。

步骤 02 单击"图层"面板下方的"创建新的填充或调整图层"按钮 ❻ ，在打开的下拉列表中选择"曲线"选项，提高明暗对比度，增加亮部光线，参数设置如图 6.96 所示。

步骤 03 单击"图层"面板下方的"创建新的填充或调整图层"按钮 ❻ ，在打开的下拉列表中选择"亮度/对比度"选项，增加整体光线强度，参数设置如图 6.97 所示。

步骤 04 单击"图层"面板下方的"创建新的填充或调整图层"按钮，在打开的下拉列表中选择"照片滤镜"选项，为画面增加颜色，让画面中的蓝色更明显，参数设置如图 6.98 所示。

图 6.95

图 6.96

图 6.97

图 6.98

步骤 05 单击"图层"面板下方的"创建新的填充或调整图层"按钮，在打开的下拉列表中选择"可选颜色"选项，在"颜色"下拉列表中选择"中性色"选项，参数设置如图 6.99 所示。

步骤 06 在"颜色"下拉列表中选择"黑色"选项，设置参数，效果如图 6.100 所示。

图 6.99

图 6.100

步骤 07 在"颜色"下拉列表中选择"黄色"选项，设置参数，效果如图 6.101 所示。

步骤 08 在"颜色"下拉列表中选择"绿色"选项，设置参数，调整画面背景绿色，让颜色看起来鲜艳丰富。效果如图 6.102 所示。

图 6.101　　　　　　　　　　　　　　　　图 6.102

步骤 09 单击"图层"面板下方的"创建新的填充或调整图层"按钮 ，打开的下拉列表中选择"色相/饱和度"选项，参数设置如图 6.103 所示。

步骤 10 选中"背景 副本"图层，执行"滤镜 > 液化"命令，弹出"液化"对话框，参数设置如图 6.104 所示，设置完毕后单击"确定"按钮。

图 6.103　　　　　　　　　　　　　　　　图 6.104

步骤 11 单击"图层"面板下方的"创建新的填充或调整图层"按钮 ，在打开的下拉列表中选择"照片滤镜"选项，参数设置如图 6.105 所示。

步骤 12 选中"背景 副本"图层，执行"滤镜 >Knoll Light Factory> 光源效果"命令，为画面增加光源，使画面看起来亮点突出，参数设置如图 6.106 所示。

图 6.105　　　　　　　　　　　　　　　　图 6.106

步骤 13 设置完毕后，单击"确定"按钮。单击"图层"面板下方的"创建新的填充或调整图层"按钮，在打开的下拉列表中选择"曲线"选项，参数设置如图 6.107 所示。

步骤 14 单击"图层"面板下方的"创建新的填充或调整图层"按钮，在打开的下拉列表中选择"色阶"选项，设置参数。

至此，制作完成，效果如图 6.108 所示。

图 6.107   图 6.108

6.7   唯美冷色调写真

本案例中的照片是以暖色调为主的温情婚纱照，通过执行"亮度/对比度"命令、"可选颜色"命令和"色阶"命令，可以将其色调打造为完美的冷色调风格，使其呈现出不一样的感觉，展现出人物独特的魅力，如图 6.109 所示。

原 图   效果图

图 6.109

步骤 01 按【Ctrl+O】组合键，打开素材文件"6-7.jpg"，按【Ctrl+J】组合键，复制"背景"图层，得到"图层 1"图层。单击"图层"面板下方的"创建新的填充或调整图层"按钮，在打开的下拉列表中选择"曲线"选项，参数设置如图 6.110 所示。

步骤 02 单击"图层"面板下方的"创建新的填充或调整图层"按钮，在打开的下拉列表中选择"亮度/对比度"，参数设置如图 6.111 所示。

图 6.110

图 6.111

步骤 03 单击"图层"面板下方的"创建新的填充或调整图层"按钮 ◢，在打开的下拉列表中选择"色阶"选项，参数设置如图 6.112 所示。

步骤 04 单击"图层"面板下方的"创建新的填充或调整图层"按钮 ◢，在打开的下拉列表中选择"色相/饱和度"选项，参数设置如图 6.113 所示。

图 6.112

图 6.113

步骤 05 单击"图层"面板下方的"创建新的填充或调整图层"按钮 ◢，在打开的下拉列表中选择"可选颜色"选项，在"颜色"下拉列表中选择"黑色"选项，参数设置如图 6.114 所示。

步骤 06 在"颜色"下拉列表中选择"中性色"选项，设置参数，效果如图 6.115 所示。

图 6.114

图 6.115

步骤 07 在"颜色"下拉列表中选择"白色"选项，设置参数，效果如图 6.116 所示。

步骤 08 在"颜色"下拉列表中选择"黄色"选项，设置参数，效果如图 6.117 所示。

图 6.116

图 6.117

步骤 09 在"颜色"下拉列表中选择"绿色"选项，设置参数，效果如图 6.118 所示。

步骤 10 在"颜色"下拉列表中选择"青色"选项，设置参数，效果如图 6.119 所示。

图 6.118

图 6.119

步骤 11 单击"图层"面板下方的"创建新的填充或调整图层"按钮 ，在打开的下拉列表中选择"可选颜色"选项，在"颜色"下拉列表中选择"黑色"选项，参数设置如图 6.120 所示。

步骤 12 单击"图层"面板下方的"创建新的填充或调整图层"按钮 ，在打开的下拉列表中选择"色阶"选项，参数设置如图 6.121 所示。

图 6.120

图 6.121

至此，制作完成，最终效果如图 6.122 所示。

> ⚠ 提示
>
> 颜色的一个重要特性是"色温"，这是人对颜色的本能反应。对于大多数人来说，橘红、黄色及红色一端的色系总是与温暖、热烈等相联系，因而称之为暖色调；而蓝色系则与平静、安逸、凉快相联系，则称之为冷色调。

图 6.122

6.8　黑色古典主义写真

本案例中的照片不论是从人物的姿势、神态还是整体的色调感觉来看，都缺少一种感觉，执行"照片滤镜"命令、"可选颜色"命令、"曲线"命令等色彩调整命令，可以将案例中的照片调整为具有古典主义的色调，如图 6.123 所示。

图 6.123

步骤 01 按【Ctrl+O】组合键，打开素材文件"6-8.jpg"，将"背景"图层拖曳到"创建新图层"按钮 🔲 上，得到"背景 副本"图层，单击"图层"面板下方的"创建新的填充或调整图层"按钮 ⬤，在打开的下拉列表中选择"亮度/对比度"选项，参数设置如图 6.124 所示。

步骤 02 单击"图层"面板下方的"创建新的填充或调整图层"按钮 ⬤，在打开的下拉列表中选择"色阶"选项，参数设置如图 6.125 所示。

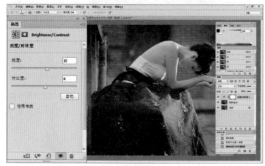
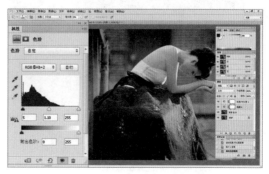

图 6.124　　　　　　　　　　　　　图 6.125

步骤 03 单击"图层"面板下方的"创建新的填充或调整图层"按钮◢，在打开的下拉列表中选择"色相/饱和度"选项，参数设置如图 6.126 所示。

步骤 04 单击"图层"面板下方的"创建新的填充或调整图层"按钮◢，在打开的下拉列表中选择"可选颜色"选项，在"颜色"下拉列表中选择"红色"选项，参数设置如图 6.127 所示。

图 6.126

图 6.127

步骤 05 在"颜色"下拉列表中选择"黄色"选项，设置参数，效果如图 6.128 所示。

图 6.128

> **ⓘ 提示**
>
> 　　色相是指色彩的相貌。纯度是指色彩的鲜艳程度。明度是指色彩的明暗程度，无彩色中明度最高的是白色，明度最低的黑色。有彩色中，任何一种纯度色都有其自己的明度特征。

步骤 06 在"颜色"下拉列表中选择"黑色"选项，设置参数，效果如图 6.129 所示。

步骤 07 在"颜色"下拉列表中选择"中性色"选项，设置参数，效果如图 6.130 所示。

图 6.129

图 6.130

步骤 08 选中"背景 副本"图层，按【Ctrl+M】组合键，弹出"曲线"对话框，在"通道"下拉列表中选择"蓝"通道，参数设置如图 6.131 所示。

步骤 09 单击"图层"面板下方的"创建新的填充或调整图层"按钮 ，在打开的下拉列表中选择"照片滤镜"选项，参数设置如图 6.132 所示。

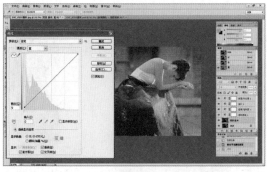

图 6.131

图 6.132

步骤 10 单击"图层"面板下方的"创建新的填充或调整图层"按钮 ，在打开的下拉列表中选择"曲线"选项，参数设置如图 6.133 所示。

图 6.133

> （！）提示
>
> 执行"照片滤镜"命令可以在打开的"属性"面板中选择相应的预设选项，模拟相机使用的滤镜，对图像色调进行调整，同时还可以通过"选择滤镜颜色"对话框来选择滤镜颜色。

至此，本案例就制作完成了，最终效果如图 6.134 所示。

图 6.134

> （！）提示
>
> 执行"曲线"命令对图像效果进行调整时，在打开的"属性"面板中还可在"通道"下拉列表中对通道进行选择。选择不同的通道，并结合曲线的调整，可以赋予图像个性化的色彩效果。

6.9　黄昏晚霞浪漫写真

本案例中的照片是在黄昏时分拍摄出来的，可能由于天气的原因，导致拍摄出来的照片阴沉沉的，通过执行"亮度 / 对比度""曲线""可选颜色""照片滤镜"等命令可为照片调出黄昏晚霞的温情色调，如图 6.135 所示。

图 6.135

步骤 01 按【Ctrl+O】组合键，打开素材文件"6-9.jpg"，按【Ctrl+J】组合键，复制"背景"图层得到"图层 1"图层，如图 6.136 所示。

步骤 02 单击"图层"面板下方的"创建新的填充或调整图层"按钮，在打开的下拉列表中选择"曲线"选项，参数设置如图 6.137 所示。

图 6.136　　　　　　　　　　　　　图 6.137

步骤 03 单击"图层"面板下方的"创建新的填充或调整图层"按钮，在打开的下拉列表中选择"亮度/对比度"选项，参数设置如图 6.138 所示。

步骤 04 单击"图层"面板下方的"创建新的填充或调整图层"按钮，在打开的下拉列表中选择"曝光度"选项，参数设置如图 6.139 所示。

步骤 05 单击"图层"面板下方的"创建新的填充或调整图层"按钮，在打开的下拉列表中选择"色阶"选项，参数设置如图 6.140 所示。

步骤 06 在"通道"下拉列表中选择"绿"通道，设置参数，效果如图 6.141 所示。

图 6.138

图 6.139

图 6.140

图 6.141

步骤 07 在"通道"下拉列表中选择"蓝"通道，设置参数，效果如图 6.142 所示。

步骤 08 在"通道"下拉列表中选择"红"通道，设置参数，效果如图 6.143 所示。

图 6.142

图 6.143

步骤 09 单击"图层"面板下方的"创建新的填充或调整图层"按钮，在打开的下拉列表中选择"可选颜色"选项，在"颜色"下拉列表中选择"红色"选项，参数设置如图 6.144 所示。

步骤 10 在"颜色"下拉列表中选择"黄色"选项，设置参数，效果如图 6.145 所示。

步骤 11 在"颜色"下拉列表中选择"白色"选项，设置参数，效果如图 6.146 所示。

步骤 12 在"颜色"下拉列表中选择"中性色"选项，设置参数，效果如图 6.147 所示。

图 6.144   图 6.145

图 6.146   图 6.147

步骤 13 在"颜色"下拉列表中选择"黑色"选项，设置参数，效果如图 6.148 所示。

步骤 14 单击"图层"面板下方的"创建新的填充或调整图层"按钮 ，在打开的下拉列表中选择"色相/饱和度"选项，参数设置如图 6.149 所示。

图 6.148   图 6.149

步骤 15 单击"图层"面板下方的"创建新的填充或调整图层"按钮 ，在打开的下拉列表中选择"可选颜色"选项，在"颜色"下拉列表中选择"黄色"选项，参数设置如图 6.150 所示。

步骤 16 在"颜色"下拉列表中选择"白色"选项，设置参数，效果如图 6.151 所示。

图 6.150

图 6.151

步骤 17 单击"图层"面板下方的"创建新的填充或调整图层"按钮 ，在打开的下拉列表中选择"照片滤镜"选项，参数设置如图 6.152 所示。

步骤 18 单击"图层"面板下方的"创建新的填充或调整图层"按钮 ，在打开的下拉列表中选择"曲线"选项，参数设置如图 6.153 所示。

图 6.152

图 6.153

步骤 19 单击"图层"面板下方的"创建新的填充或调整图层"按钮 ，在打开的下拉列表中选择"色阶"选项，参数设置如图 6.154 所示。

至此，制作完成，最终效果如图 6.155 所示。

图 6.154

图 6.155

6.10 大唐风韵写真

　　本案例中的照片大有帝国气息，然而拍摄出来的照片色调却不够完美，可以使用减淡工具对人物进行加亮，然后执行"可选颜色""色阶""照片滤镜"等命令对照片的色温进行调整，将其处理成符合画面意境的照片，如图6.156所示。

图 6.156

步骤 01 在 Adobe Bridge 中打开素材文件"6-10.jpg"，如图 6.157 所示。

步骤 02 在 Adobe Bridge 中对图像进行调整，参数设置如图 6.158 所示。

图 6.157 　　　　　　　　　　　　　　　　　　图 6.158

步骤 03 按【Ctrl+O】组合键，打开素材文件"6-10.jpg"，将"背景"图层拖曳到"创建新图层"按钮 上，得到"背景 副本"图层，如图 6.159 所示。

步骤 04 单击"图层"面板下方的"创建新的填充或调整图层"按钮 ，在打开的下拉列表中选择"曲线"选项，参数设置如图 6.160 所示。

图 6.159 　　　　　　　　　　　　　　　　　　图 6.160

步骤 05 在工具箱中选择缩放工具 ，将人物脸部放大，如图 6.161 所示。

步骤 06 在工具箱中选择修补工具 ，将人物脸部的痣去掉，如图 6.162 所示。

图 6.161

图 6.162

步骤 07 在工具箱中选择减淡工具 ，设置带有羽化值的笔刷，在人物的身体上涂抹，使人物整体变亮，如图 6.163 所示。

步骤 08 单击"图层"面板下方的"创建新的填充或调整图层"按钮 ，在打开的下拉列表中选择"亮度/对比度"选项，参数设置如图 6.164 所示。

图 6.163

图 6.164

步骤 09 单击"图层"面板下方的"创建新的填充或调整图层"按钮 ，在打开的下拉列表中选择"色阶"选项，参数设置如图 6.165 所示。

步骤 10 在"通道"下拉列表中选择"蓝"通道，设置参数，效果如图 6.166 所示。

步骤 11 单击"图层"面板下方的"创建新的填充或调整图层"按钮 ，在打开的下拉列表中选择"可选颜色"选项，在"颜色"下拉列表中选择"黑色"选项，参数设置如图 6.167 所示。

步骤 12 在"颜色"下拉列表中选择"中性色"选项，设置参数，效果如图 6.168 所示。

图 6.165　　　　　　　　　　　　　图 6.166

图 6.167

图 6.168

步骤 13 在"颜色"下拉列表中选择"白色"选项，设置参数，效果如图 6.169 所示。

步骤 14 在"颜色"下拉列表中选择"黄色"选项，设置参数，效果如图 6.170 所示。

图 6.169

图 6.170

步骤 15 在"颜色"下拉列表中选择"红色"选项，设置参数，效果如图 6.171 所示。将 Portraiture.8bf 文件放入读者的 Photoshop 安装文件夹的滤镜（Plug-Ins）目录中。

步骤 16 选中"背景 副本"图层，执行"滤镜 >Imagenomic>Portraiture"命令，用 Portraiture 滤镜对人物进行磨皮，参数设置如图 6.172 所示。

图 6.171

图 6.172

步骤 17 设置完毕后单击"确定"按钮，效果如图 6.173 所示。

步骤 18 单击"图层"面板下方的"创建新的填充或调整图层"按钮，在打开的下拉列表中选择"色相/饱和度"选项，参数设置如图 6.174 所示。

图 6.173

图 6.174

步骤 19 单击"图层"面板下方的"创建新的填充或调整图层"按钮，在打开的下拉列表中选择"照片滤镜"选项，参数设置如图 6.175 所示。

步骤 20 单击"图层"面板下方的"创建新的填充或调整图层"按钮，在打开的下拉列表中选择"可选颜色"选项，在"颜色"下拉列表中选择"黑色"选项，参数设置如图 6.176 所示。

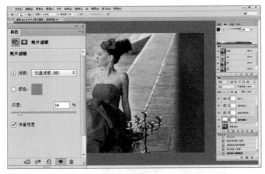

图 6.175

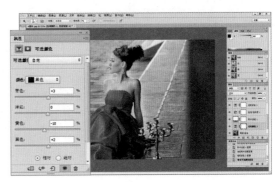

图 6.176

步骤 21 单击"图层"面板下方的"创建新的填充或调整图层"按钮 ◑，在打开的下拉列表中选择"曲线"选项，参数设置如图 6.177 所示。

步骤 22 单击"创建新图层"按钮 ◪，新建"图层 1"图层，将前景色（R、G、B）设置为（229、217、203），如图 6.178 所示。

图 6.177

图 6.178

步骤 23 在工具箱中选择画笔工具，在工具选项栏中设置参数，在页面内涂抹，效果如图 6.179 所示。

步骤 24 按【Ctrl+E】组合键，向下合并图层，单击"图层"面板下方的"创建新的填充或调整图层"按钮 ◑，在打开的下拉列表中选择"色阶"选项，参数设置如图 6.180 所示。

图 6.179

图 6.180

至此，制作完成，最终效果如图 6.181 所示。

> ⓘ **提示**
>
> 如果想要将一个图层与其下面的图层合并，可以选择该图层，然后执行"图层 > 向下合并"命令，或者按【Ctrl+E】组合键，合并后的图层使用下面图层的名称。

图 6.181

6.11　烂漫风采写真

　　本案例中的新娘笑容灿烂，在这个值得纪念的时刻拍下照片非常有意义，然而拍摄出来的照片色调有些偏暗，不够完美，可以通过执行"曝光度""可选颜色""色阶""曲线"等命令对照片进行处理，使照片更加亮丽，不再有遗憾，如图 6.182 所示。

图 6.182

步骤 01　按【Ctrl+O】组合键，打开素材文件"6-11.jpg"，将"背景"图层拖曳到"创建新图层"按钮 上，得到"背景 副本"图层。单击"创建新的填充或调整图层"按钮 ，在打开的下拉列表中选择"曲线"选项，参数设置如图 6.183 所示。

步骤 02　在"通道"下拉列表中选择"红"通道，设置参数，效果如图 6.184 所示。

图 6.183　　　　　　　　　　　　图 6.184

步骤 03　在"通道"下拉列表中选择"蓝"通道，设置参数，效果如图 6.185 所示。

步骤 04　单击"图层"面板下方的"创建新的填充或调整图层"按钮 ，在打开的下拉列表中选择"亮度/对比度"选项，参数设置如图 6.186 所示。

图 6.185　　　　　　　　　　　　图 6.186

步骤 05 单击"图层"面板下方的"创建新的填充或调整图层"按钮，在打开的下拉列表中选择"曝光度"选项，参数设置如图 6.187 所示。

步骤 06 单击"图层"面板下方的"创建新的填充或调整图层"按钮，在打开的下拉列表中选择"色阶"选项，在"通道"下拉列表中选择"红"通道，参数设置如图 6.188 所示。

图 6.187

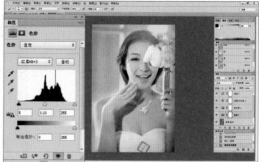

图 6.188

步骤 07 在"通道"下拉列表中选择"蓝"通道，设置参数，效果如图 6.189 所示。

步骤 08 单击"图层"面板下方的"创建新的填充或调整图层"按钮，在打开的下拉列表中选择"曲线"选项，参数设置如图 6.190 所示。

图 6.189

图 6.190

步骤 09 单击"图层"面板下方的"创建新的填充或调整图层"按钮，在打开的下拉列表中选择"可选颜色"选项，在"颜色"下拉列表中选择"中性色"选项，参数设置如图 6.191 所示。

步骤 10 在"颜色"下拉列表中选择"黑色"选项，设置参数，效果如图 6.192 所示。

图 6.191

图 6.192

步骤 11 在"颜色"下拉列表中选择"白色"选项，设置参数，效果如图 6.193 所示。

步骤 12 在"颜色"下拉列表中选择"黄色"选项，设置参数，效果如图 6.194 所示。

图 6.193

图 6.194

步骤 13 在"颜色"下拉列表中选择"红色"选项，设置参数，效果如图 6.195 所示。

步骤 14 单击"图层"面板下方的"创建新的填充或调整图层"按钮 ◢，在打开的下拉列表中选择"曲线"选项，设置参数。

至此，制作完成，最终效果如图 6.196 所示。

图 6.195

图 6.196

浪漫婚纱照特效处理

7.1　爱情私语

本案例中的照片颜色昏暗，花丛颜色不够鲜艳，人物局部亮度不足。通过运用"曲线"工具可以提升画面亮度，并增添人物局部的亮度。运用"可选颜色"调出花丛的鲜艳颜色，使画面看起来颜色鲜艳，形成一幅以花为伴的幸福美满双人照，如图 7.1 所示。

图 7.1

步骤 01 按【Ctrl+O】组合键，打开素材文件"7-1.jpg"，按【Ctrl+J】组合键，复制"背景"图层，得到"图层 1"图层，如图 7.2 所示。

步骤 02 单击"图层"面板下方的"创建新的填充或调整图层"按钮 ◢，在打开的下拉列表中选择"曲线"选项，轻微增加明暗对比，参数设置如图 7.3 所示。

图 7.2　　　　　　　　　　　　　　图 7.3

步骤 03 单击"图层"面板下方的"创建新的填充或调整图层"按钮 ◢，在打开的下拉列表中选择"亮度/对比度"选项，增加画面整体的光线，参数设置如图 7.4 所示。

步骤 04 在工具箱中选择修补工具 ▦，将人物脸部的瑕疵去掉，通过创建选区限制修补区域，修饰人物面部的斑点，如图 7.5 所示。

图 7.4　　　　　　　　　　　　　　图 7.5

步骤 05 修补完毕后，按【Ctrl+D】组合键，取消选择，效果如图 7.6 所示。

步骤 06 单击"图层"面板下方的"创建新的填充或调整图层"按钮，在打开的下拉列表中选择"曝光度"选项，参数设置如图 7.7 所示。

图 7.6   图 7.7

步骤 07 单击"图层"面板下方的"创建新的填充或调整图层"按钮，在打开的下拉列表中选择"可选颜色"选项，在"颜色"下拉列表中选择"红色"选项，参数设置如图 7.8 所示。

步骤 08 在"颜色"下拉列表中选择"黄色"选项，设置参数，效果如图 7.9 所示。

图 7.8   图 7.9

步骤 09 在"颜色"下拉列表中选择"绿色"选项，设置参数，效果如图 7.10 所示。

步骤 10 在"颜色"下拉列表中选择"中性色"选项，设置参数，效果如图 7.11 所示。

图 7.10   图 7.11

步骤 11 在"颜色"下拉列表中选择"黑色"选项，设置参数，效果如图 7.12 所示。

步骤 12 将前景色设为黑色，选择画笔工具，在"选取颜色 1"图层蒙版上涂抹，将人物皮肤部分的效果隐藏，如图 7.13 所示。

图 7.12　　　　　　　　　　　　　　　　　图 7.13

步骤 13 单击"图层"面板下方的"创建新的填充或调整图层"按钮，在打开的下拉列表中选择"色阶"选项，在"通道"下拉列表中选择"红"通道，参数设置如图 7.14 所示。

步骤 14 在"通道"下拉列表中选择"蓝"通道，设置参数，效果如图 7.15 所示。

图 7.14　　　　　　　　　　　　　　　　　图 7.15

步骤 15 选中"图层 1"图层，在工具箱中选择减淡工具，设置带有羽化值的笔刷，在人物身体上涂抹，使人物整体变亮，如图 7.16 所示。

步骤 16 单击"图层"面板下方的"创建新的填充或调整图层"按钮，在打开的下拉列表中选择"曲线"选项，参数设置如图 7.17 所示。

图 7.16　　　　　　　　　　　　　　　　　图 7.17

步骤 17 将 Portraiture.8bf 文件放入读者的 Photoshop 安装文件夹的滤镜（Plug-Ins）目录中。执行"滤镜 >Imagenomic>Portraiture"命令，用 Portraiture 滤镜对人物进行磨皮，参数设置如图 7.18 所示。

步骤 18 设置完毕后，单击"确定"按钮，效果如图 7.19 所示。

图 7.18

图 7.19

步骤 19 单击"图层"面板下方的"创建新的填充或调整图层"按钮⊘，在打开的下拉列表中选择"可选颜色"选项，在"颜色"下拉列表中选择"黑色"选项，设置参数。

至此，制作完成，最终效果如图 7.20 所示。

图 7.20

> (!) 提示
>
> "可选颜色"命令的原理是对限定颜色区域中各像素的青、洋红、黄、黑 4 种油墨进行调整，因此不影响其他颜色。使用"可选颜色"命令可以有针对性地调整图像中的某个颜色，或者校正色彩平衡等颜色问题。

7.2 海滨浪漫

本案例中的照片构图唯美，纤长的白纱让整个构图看起来独特唯美，可惜海天的颜色比较暗淡，降低了画面的质感。通过运用"曲线"可以调整各个通道的颜色，运用"亮度/对比度"提亮画面光线，加强对比度，最终让画面看起来光线充足、颜色明亮，得到一幅唯美独特的海边婚纱照，如图 7.21 所示。

原图

效果图

图 7.21

步骤 01 按【Ctrl+O】组合键，打开素材文件"7-2.jpg"，将"背景"图层拖曳到"创建新图层"按钮🔲上，得到"背景 副本"图层。单击"图层"面板下方的"创建新的填充或调整图层"按钮⊘，在打开的下拉列表中选择"曲线"选项，提高画面明暗对比，参数设置如图 7.22 所示。

步骤 02 在"通道"下拉列表中选择"蓝"通道，设置参数；在"通道"下拉列表中选择"红"通道，设置参数，效果如图 7.23 所示。

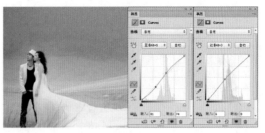

图 7.22　　　　　　　　　　　　　　　图 7.23

步骤 03 单击"图层"面板下方的"创建新的填充或调整图层"按钮 ，在打开的下拉列表中选择"色阶"选项，参数设置如图 7.24 所示。

步骤 04 单击"图层"面板下方的"创建新的填充或调整图层"按钮 ，在打开的下拉列表中选择"亮度/对比度"选项，参数设置如图 7.25 所示。

图 7.24　　　　　　　　　　　　　　　图 7.25

步骤 05 单击"图层"面板下方的"创建新的填充或调整图层"按钮 ，在打开的下拉列表中选择"照片滤镜"选项，参数设置如图 7.26 所示。

步骤 06 单击"图层"面板下方的"创建新的填充或调整图层"按钮 ，在打开的下拉列表中选择"可选颜色"选项，在"颜色"下拉列表中选择"红色"选项，参数设置如图 7.27 所示。

图 7.26　　　　　　　　　　　　　　　图 7.27

步骤 07 在"颜色"下拉列表中选择"黄色"选项，设置参数，效果如图 7.28 所示。

步骤 08 在"颜色"下拉列表中选择"白色"选项，设置参数，效果如图 7.29 所示。

步骤 09 在"颜色"下拉列表中选择"黑色"选项，设置参数，效果如图 7.30 所示。

步骤 10 在"颜色"下拉列表中选择"中性色"选项，设置参数。

至此，制作完成，最终效果如图 7.31 所示。

图 7.28

图 7.29

图 7.30

图 7.31

7.3 青春双人照

　　本案例中的照片颜色太沉闷，体现不出年轻情侣应有的青春活力，通过运用"曲线"可以加强光照感，运用"可选颜色"增加画面背景的颜色，使画面整体看起来光照充足，形成一幅青春活力十足的双人照，如图 7.32 所示。

步骤 01 按【Ctrl+O】组合键，打开素材文件"7-3.jpg"，将"背景"图层拖曳到"创建新图层"按钮□上，得到"背景 副本"图层，如图 7.33 所示。

图 7.32

步骤 02 单击"图层"面板下方的"创建新的填充或调整图层"按钮，在打开的下拉列表中选择"曲线"选项，大幅度提高画面亮度，让画面看起来光线充足，参数设置如图 7.34 所示。

图 7.33

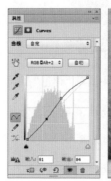

图 7.34

步骤 03 选择魔棒工具，在工具选项栏中取消选择"连续"复选框，设置合适的"容差"值，在人物衣服上单击，创建如图 7.35 所示的选区。

步骤 04 单击"图层"面板下方的"创建新的填充或调整图层"按钮，在打开的下拉列表中选择"曲线"选项，参数设置如图 7.36 所示。

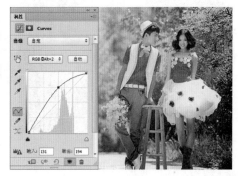

图 7.35　　　　　　　　　　　　　　　　图 7.36

步骤 05 单击"图层"面板下方的"创建新的填充或调整图层"按钮，在打开的下拉列表中选择"亮度/对比度"选项，参数设置如图 7.37 所示。

步骤 06 单击"图层"面板下方的"创建新的填充或调整图层"按钮，在打开的下拉列表中选择"可选颜色"选项，在"颜色"下拉列表中选择"红色"选项，参数设置如图 7.38 所示。

图 7.37　　　　　　　　　　　　　　　　图 7.38

步骤 07 在"颜色"下拉列表中选择"黄色"选项，设置参数，效果如图 7.39 所示。

步骤 08 在"颜色"下拉列表中选择"绿色"选项，设置参数，效果如图 7.40 所示。

图 7.39　　　　　　　　　　　　　　　　图 7.40

步骤 09 在"颜色"下拉列表中选择"中性色"选项,设置参数,效果如图 7.41 所示。

步骤 10 在"颜色"下拉列表中选择"黑色"选项,设置参数,效果如图 7.42 所示。

图 7.41

图 7.42

步骤 11 为了让画面色调更加突出,单击"图层"面板下方的"创建新的填充或调整图层"按钮,在打开的下拉列表中选择"照片滤镜"选项,参数设置如图 7.43 所示。

步骤 12 单击"图层"面板下方的"创建新的填充或调整图层"按钮,在打开的下拉列表中选择"亮度/对比度"选项,参数设置如图 7.44 所示。

图 7.43

图 7.44

步骤 13 单击"图层"面板下方的"创建新的填充或调整图层"按钮,在打开的下拉列表中选择"可选颜色"选项,在"颜色"下拉列表中选择"黄色"选项,参数设置如图 7.45 所示。

步骤 14 单击"创建新的填充或调整图层"按钮,在打开的下拉列表中选择"曲线"命令,设置参数。将前景色设为黑色,选择画笔工具,在图层蒙版上涂抹,将不需要的部分隐藏。

至此,本案例就制作完成了,最终效果如图 7.46 所示。

图 7.45

图 7.46

7.4　怀旧风情

本案例中的照片带有强烈的时尚气息，通过运用"色阶""曝光度""曲线""色彩平衡"等命令可对画面进行调节，并综合运用快速选择工具，为照片增强怀旧风格的韵味，如图 7.47 所示。

图 7.47

步骤 01 按【Ctrl+O】组合键，打开素材文件"7-4.jpg"，将"背景"图层拖曳到"创建新图层"按钮 上，得到"背景 副本"图层，如图 7.48 所示。

步骤 02 单击"图层"面板下方的"创建新的填充或调整图层"按钮 ，在打开的下拉列表中选择"色阶"选项，参数设置如图 7.49 所示。

图 7.48

图 7.49

步骤 03 单击"图层"面板下方的"创建新的填充或调整图层"按钮 ，在打开的下拉列表中选择"色彩平衡"选项，参数设置如图 7.50 所示。

步骤 04 选中"高光"单选按钮，参数设置如图 7.51 所示。

图 7.50

图 7.51

步骤 05 选中"阴影"单选按钮，参数设置如图 7.52 所示。

步骤 06 使用工具箱中的快速选择工具 ，按住鼠标左键不放在人物身上进行拖曳，将人物建立为选区，如图 7.53 所示。

| 图 7.52 | 图 7.53 |

步骤 07 人物的选区大致建立完成后，按【Ctrl++】组合键，将图像放大，按住【Alt】键减选选区，对选区进行细致勾勒，效果如图 7.54 所示。

步骤 08 单击"图层"面板下方的"创建新的填充或调整图层"按钮 ，在打开的下拉列表中选择"色阶"选项，参数设置如图 7.55 所示。

| 图 7.54 | 图 7.55 |

步骤 09 按住【Ctrl】键的同时单击"色阶 1"图层的图层缩略图，载入该图层的选区，如图 7.56 所示。

步骤 10 单击"图层"面板下方的"创建新的填充或调整图层"按钮 ，在打开的下拉列表中选择"曲线"选项，参数设置如图 7.57 所示。

| 图 7.56 | 图 7.57 |

步骤 11 选择"色彩平衡 1"调整图层，按【Ctrl+Alt+Shift+E】组合键，盖印图层，生成"图层 1"图层，如图 7.58 所示。

步骤 12 单击"图层"面板下方的"创建新的填充或调整图层"按钮，在打开的下拉列表中选择"色彩平衡"选项，参数设置如图 7.59 所示。

图 7.58

图 7.59

步骤 13 选中"高光"单选按钮，参数设置如图 7.60 所示。

步骤 14 单击"图层"面板下方的"创建新的填充或调整图层"按钮，在打开的下拉列表中选择"亮度/对比度"选项，参数设置如图 7.61 所示。

图 7.60

图 7.61

步骤 15 单击"图层"面板下方的"创建新的填充或调整图层"按钮，在打开的下拉列表中选择"曝光度"选项，参数设置如图 7.62 所示。

步骤 16 单击"图层"面板下方的"创建新的填充或调整图层"按钮，在打开的下拉列表中选择"色相/饱和度"选项，参数设置如图 7.63 所示。

图 7.62

图 7.63

步骤 17 选择"黄"通道，参数设置如图 7.64 所示。

步骤 18 按【Ctrl+Alt+Shift+E】组合键，盖印图层，生成"图层 2"图层。执行"图像 > 调整 > 阴影/高光"命令，弹出"阴影/高光"对话框，设置参数，如图 7.65 所示。

图 7.64

图 7.65

步骤 19 单击"图层"面板下方的"创建新的填充或调整图层"按钮，在打开的下拉列表中选择"自然饱和度"选项，参数设置如图 7.66 所示。

步骤 20 将"自然饱和度 1"图层的混合模式设置为"叠加"，设置"不透明度"为 50%，完成后的效果如图 7.67 所示。

图 7.66

图 7.67

7.5 爱之物语

本案例中的照片为钢琴旁浪漫的双人婚纱照，然而由于花丛颜色暗淡，光线不充足，导致人物面部亮度不足。通过运用"曲线"工具可以提亮人物和画面整体亮度，运用"可选颜色"加深钢琴和花丛的颜色，从而提高画面的颜色饱和度，使画面曝光充足，形成一幅唯美的双人婚纱照，如图 7.68 所示。

图 7.68

步骤 01 按【Ctrl+O】组合键，打开素材文件"7-5.jpg"，将"背景"图层拖曳到"创建新图层"按钮 上，得到"背景 副本"图层，单击"创建新的填充或调整图层"按钮 ，在打开的下拉列表中选择"曲线"选项，参数设置如图 7.69 所示。

步骤 02 在"通道"下拉列表中选择"红"通道，增加亮部对比，中和色彩对比，参数设置如图 7.70 所示。

图 7.69　　　　　　　　　　　　　　　图 7.70

步骤 03 在"通道"下拉列表中选择"蓝"通道，设置参数，效果如图 7.71 所示。

步骤 04 单击"图层"面板下方的"创建新的填充或调整图层"按钮 ，在打开的下拉列表中选择"亮度/对比度"选项，增加画面整体亮度，使画面亮部细节更清晰，参数设置如图 7.72 所示。

图 7.71　　　　　　　　　　　　　　　图 7.72

步骤 05 单击"图层"面板下方的"创建新的填充或调整图层"按钮 ，在打开的下拉列表中选择"色彩平衡"选项，选中"中间调"单选按钮，参数设置如图 7.73 所示。

步骤 06 选中"高光"单选按钮，参数设置如图 7.74 所示。

图 7.73　　　　　　　　　　　　　　　图 7.74

步骤 07 选中"阴影"单选按钮，参数设置如图 7.75 所示。

步骤 08 单击"图层"面板下方的"创建新的填充或调整图层"按钮 ，在打开的下拉列表中选择"可选颜色"选项，在"颜色"下拉列表中选择"黄色"选项，参数设置如图 7.76 所示。

步骤 09 在"颜色"下拉列表中选择"白色"选项，设置参数，效果如图 7.77 所示。

步骤 10 在"颜色"下拉列表中选择"中性色"选项，设置参数，效果如图 7.78 所示。

图 7.75

图 7.76

图 7.77

图 7.78

步骤 11 在"颜色"下拉列表中选择"黑色"选项，设置参数，效果如图 7.79 所示。

步骤 12 单击"图层"面板下方的"创建新的填充或调整图层"按钮 ⊘，在打开的下拉列表中选择"照片滤镜"选项，参数设置如图 7.80 所示。

图 7.79

图 7.80

步骤 13 单击"图层"面板下方的"创建新的填充或调整图层"按钮 ⊘，在打开的下拉列表中选择"曲线"选项，参数设置如图 7.81 所示。

步骤 14 单击"创建新的填充或调整图层"按钮 ⊘，在打开的下拉列表中选择"色相/饱和度"选项，设置参数。

至此，制作完成，最终效果如图 7.82 所示。

图 7.81

图 7.82

7.6 情意绵绵

　　本案例中的照片构图偏左，画面显得左重右轻，色调也偏冷。通过运用"色阶"工具可以提高画面色调，运用外挂光效滤镜为画面右边添加光晕，让画面看起来更加明亮，从而形成一幅颜色鲜艳、重点明显的唯美婚纱照，如图 7.83 所示。

图 7.83

步骤 01 按【Ctrl+O】组合键，打开素材文件"7-6.jpg"，将"背景"图层拖曳到"创建新图层"按钮 上，得到"背景 副本"图层，单击"创建新的填充或调整图层"按钮 ，在打开的下拉列表中选择"曲线"选项，参数设置如图 7.84 所示。

步骤 02 单击"图层"面板下方的"创建新的填充或调整图层"按钮 ，在打开的下拉列表中选择"亮度/对比度"选项，提高亮度对比，增强画面明暗对比，参数设置如图 7.85 所示。

图 7.84　　　　　　　　　　　　　　　　图 7.85

步骤 03 单击"图层"面板下方的"创建新的填充或调整图层"按钮 ，在打开的下拉列表中选择"可选颜色"选项，在"颜色"下拉列表中选择"黄色"选项，参数设置如图 7.86 所示。

步骤 04 在"颜色"下拉列表中选择"红色"选项，设置参数，效果如图 7.87 所示。

图 7.86　　　　　　　　　　　　　　　　图 7.87

步骤 05 在"颜色"下拉列表中选择"绿色"选项,设置参数,效果如图 7.88 所示。

步骤 06 在"颜色"下拉列表中选择"中性色"选项,设置参数,效果如图 7.89 所示。

图 7.88 图 7.89

步骤 07 在"颜色"下拉列表中选择"黑色"选项,设置参数,效果如图 7.90 所示。

步骤 08 单击"图层"面板下方的"创建新的填充或调整图层"按钮,在打开的下拉列表中选择"曲线"选项,参数设置如图 7.91 所示。

图 7.90 图 7.91

步骤 09 单击"图层"面板下方的"创建新的填充或调整图层"按钮,在打开的下拉列表中选择"色阶"选项,在"通道"下拉列表中选择"红"通道,参数设置如图 7.92 所示。

步骤 10 在"通道"下拉列表中选择"绿"通道,设置参数,效果如图 7.93 所示。

图 7.92 图 7.92

步骤 11 在"通道"下拉列表中选择"蓝"通道,设置参数,效果如图 7.94 所示。

步骤 12 单击"图层"面板下方的"创建新的填充或调整图层"按钮,在打开的下拉列表中选择"曲线"选项,参数设置如图 7.95 所示。

图 7.94　　　　　　　　　　　　　　　　　　图 7.95

步骤 13 选中"背景 副本"图层，执行"滤镜 >Knoll Light Factory> 光源效果"命令，参数设置如图 7.96 所示，设置完毕后单击"确定"按钮，为画面增加光源。

步骤 14 将"背景 副本"图层的"不透明度"设置为 90%。

至此，制作完成，最终效果如图 7.97 所示。

图 7.96　　　　　　　　　　　　　　　　图 7.97

7.7 海誓山盟

本案例中的照片裙摆唯美飘起，构图特别，可惜天空缺少云彩，颜色也比较昏暗。通过运用"照片滤镜"可为画面增添蓝色，运用蒙版工具为蓝天合成云彩，最终形成一幅云彩与裙摆共舞、动感十足的唯美双人婚纱照，如图 7.98 所示。

图 7.98

步骤 01 按【Ctrl+O】组合键，打开素材文件"7-7.jpg"，将"背景"图层拖曳到"创建新图层"按钮 ，得到"背景 副本"图层，单击"图层"面板下方的"创建新的填充或调整图层"按钮 ，在打开的下拉列表中选择"曲线"选项，参数设置如图 7.99 所示。

步骤 02 单击"图层"面板下方的"创建新的填充或调整图层"按钮 ，在打开的下拉列表中选择"亮度/对比度"选项，提高亮部光线，增强天空效果，参数设置如图 7.100 所示。

图 7.99　　　　　　　　　　　　　图 7.100

步骤 03 单击"创建新的填充或调整图层"按钮 ，在打开的下拉列表中选择"照片滤镜"选项，参数设置如图 7.101 所示。将前景色设置为黑色，选择画笔工具 ，在"照片滤镜 1"图层蒙版上涂抹，将人物部分的效果隐藏。

步骤 04 单击"图层"面板下方的"创建新的填充或调整图层"按钮 ，在打开的下拉列表中选择"可选颜色"选项，在"颜色"下拉列表中选择"白色"选项，参数设置如图 7.102 所示。

图 7.101　　　　　　　　　　　　　图 7.102

步骤 05 在"颜色"下拉列表中选择"黑色"选项，设置参数，效果如图 7.103 所示。

步骤 06 单击"图层"面板下方的"创建新的填充或调整图层"按钮 ，在打开的下拉列表中选择"色阶"选项，增强画面整体亮度，参数设置如图 7.104 所示。

图 7.103　　　　　　　　　　　　　图 7.104

步骤 07 按【Ctrl+O】组合键，打开素材文件"7-7a.jpg"，选择移动工具 ，将其拖曳到人像图片中，得到"图层 1"图层，将图层的混合模式设置为"正片叠底"，如图 7.105 所示。

步骤 08 选中"图层 1"图层，在"图层"面板下方单击"添加图层蒙版"按钮 ，为其添加蒙版，将前景色设为黑色，用画笔工具 在蒙版上涂抹，将不需要的部分隐藏，如图 7.106 所示。

图 7.105　　　　　　　　　　　　　　　图 7.106

步骤 09 将"图层 1"图层拖曳到"创建新图层"按钮 🔲 上，得到"图层 1 副本"图层，将"图层 1 副本"的蒙版拖曳到"删除图层"按钮 🗑 上，将其删除，设置图层混合模式为柔光，如图 7.107 所示。

步骤 10 选中"图层 1 副本"图层，单击"添加图层蒙版"按钮 🔘，为其添加蒙版，将前景色设为黑色，用画笔工具 ✏ 在蒙版上涂抹，将不需要的部分隐藏，如图 7.108 所示。

图 7.107　　　　　　　　　　　　　　　图 7.108

步骤 11 选中"背景 副本"图层，单击"创建新的填充或调整图层"按钮 ◑，在打开的下拉列表中选择"可选颜色"选项，在"颜色"下拉列表中选择"黑色"选项，设置参数，如图 7.109 所示。

步骤 12 在"颜色"下拉列表中选择"黄色"选项，设置参数，效果如图 7.110 所示。

图 7.109　　　　　　　　　　　　　　　图 7.110

步骤 13 在"颜色"下拉列表中选择"中性色"选项，设置参数，调整画面整体的色彩感觉，效果如图 7.111 所示。

步骤 14 选中"背景 副本"图层，单击"创建新图层"按钮 🔲，新建"图层 2"图层，将前景色（R、G、B）设置为（224、191、162），选择画笔工具 ✏，在工具选项栏中设置参数，在图像上涂抹，如图 7.112 所示。

图 7.111　　　　　　　　　　　　　　　图 7.112

步骤 15 单击"图层"面板下方的"创建新的填充或调整图层"按钮❷，在打开的下拉列表中选择"色阶"选项，参数设置如图 7.113 所示。

至此，本案例就制作完成了，最终效果如图 7.114 所示。

图 7.113   图 7.114

7.8 完美的霞光婚纱照

本案例中的照片是夕阳下的剪影，光影平淡，颜色昏暗，很难抓住观众的眼球。通过运用"亮度/对比度可以提高画面的亮度，增强剪影的对比度。运用"可选颜色"为画面添色，让画面看起来更加生动。运用画笔工具为图片画出夕阳的余晖，创造出亮点，最终形成一张唯美的夕阳剪影，如图 7.115 所示。

图 7.115

步骤 01 按【Ctrl+O】组合键，打开素材文件"7-8.jpg"，将"背景"图层拖曳到"创建新图层"按钮❑上，得到"背景 副本"图层，单击"创建新的填充或调整图层"按钮❷，在打开的下拉列表中选择"曲线"选项，参数设置如图 7.116 所示。

步骤 02 由于黄昏时分光线较差，单击"图层"面板下方的"创建新的填充或调整图层"按钮❷，在打开的下拉列表中选择"亮度/对比度"选项，设置参数，提高整体亮度，如图 7.117 所示。

图 7.116   图 7.117

步骤 03 单击"图层"面板下方的"创建新的填充或调整图层"按钮 ⟨⟩，在打开的下拉列表中选择"色阶"选项，在"通道"下拉列表中选择"蓝"通道，设置参数，使画面看起来不再曝光过度，如图 7.118 所示。

步骤 04 在"通道"下拉列表中选择 RGB 选项，设置参数，效果如图 7.119 所示。

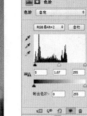

图 7.118　　　　　　　　　　　　　　图 7.119

步骤 05 单击"图层"面板下方的"创建新的填充或调整图层"按钮 ⟨⟩，在打开的下拉列表中选择"可选颜色"选项，在"颜色"下拉列表中选择"红色"选项，参数设置如图 7.120 所示。

步骤 06 在"颜色"下拉列表中选择"黄色"选项，设置参数，效果如图 7.121 所示。

图 7.120　　　　　　　　　　　　　　图 7.121

步骤 07 在"颜色"下拉列表中选择"白色"选项，设置参数，效果如图 7.122 所示。

步骤 08 在"颜色"下拉列表中选择"黑色"选项，设置参数，效果如图 7.123 所示。用"可选颜色"命令分别调整红色、白色、黄色、黑色，可以让画面颜色看起来更丰富，基调更明确。

图 7.122　　　　　　　　　　　　　　图 7.123

步骤 09 由于拍摄的原因，导致画面中央黄昏太阳的部分没有被凸显出来，单击"创建新图层"按钮 ⟨⟩，新建"图层 1"图层，将前景色（R、G、B）设置为（255、250、223），如图 7.124 所示。

步骤 10 利用画笔工具为画面中重新添加夕阳余晖效果。选择画笔工具 ⟨⟩，设置画笔大小为 400px，硬度为 0%，在工具选项栏中将流量设置为 7%，如图 7.125 所示。

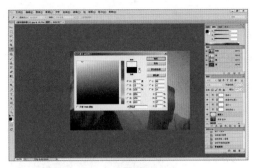

图 7.124

图 7.125

步骤 11 用画笔工具在页面内涂抹，重复操作，将"图层 1"图层的不透明度设置为 86%，效果如图 7.126 所示。

步骤 12 单击"图层"面板下方的"创建新的填充或调整图层"按钮 ，在打开的下拉列表中选择"曲线"选项，参数设置如图 7.127 所示。

图 7.126

图 7.127

步骤 13 单击"图层"面板下方的"创建新的填充或调整图层"按钮 ，在打开的下拉列表中选择"色阶"选项，参数设置如图 7.128 所示。

步骤 14 单击"图层"面板下方的"创建新的填充或调整图层"按钮 ，在打开的下拉列表中选择"照片滤镜"选项，设置参数。

　　至此，本案例就制作完成了，最终效果如图 7.129 所示。

图 7.128

图 7.129

7.9　温暖梦幻的婚纱照

　　本案例中的照片色温发绿，整体色调过冷，使画面看起来太过生硬。运用"可选颜色"命令可以调整整体色调，让画面看起来温馨唯美，运用"色阶"工具提高暗部和亮部的对比度，最终打造出拥有电影色调的温暖梦幻婚纱照，如图 7.130 所示。

图 7.130

步骤 01 按【Ctrl+O】组合键，打开素材文件 "7-9.jpg"，将 "背景" 图层拖曳到 "创建新图层" 按钮 上，得到 "背景 副本" 图层，如图 7.131 所示，可以看出画面光线太过欠缺，明暗关系不明确。

步骤 02 单击 "图层" 面板下方的 "创建新的填充或调整图层" 按钮 ，在打开的下拉列表中选择 "曲线" 选项，设置参数，重点在于提亮高光部分，如图 7.132 所示。

图 7.131　　　　　　　　　　　　　　　　　　图 7.132

步骤 03 单击 "图层" 面板下方的 "创建新的填充或调整图层" 按钮 ，在打开的下拉列表中选择 "亮度/对比度" 选项，设置参数，整体提亮画面光线，如图 7.133 所示。

步骤 04 单击 "图层" 面板下方的 "创建新的填充或调整图层" 按钮 ，在打开的下拉列表中选择 "通道混合器" 选项，设置参数，中和画面的三原色，建立画面基调，如图 7.134 所示。

图 7.133　　　　　　　　　　　　　　　　　　图 7.134

步骤 05 单击 "图层" 面板下方的 "创建新的填充或调整图层" 按钮 ，在打开的下拉列表中选择 "色阶" 选项，参数设置如图 7.135 所示。

步骤 06 单击 "图层" 面板下方的 "创建新的填充或调整图层" 按钮 ，在打开的下拉列表中选择 "可选颜色" 选项，在 "颜色" 下拉列表中选择 "红色" 选项，参数设置如图 7.136 所示。

图 7.135

图 7.136

步骤 07 在"颜色"下拉列表中选择"黄色"选项，设置参数，效果如图 7.137 所示。

步骤 08 在"颜色"下拉列表中选择"蓝色"选项，设置参数，效果如图 7.138 所示。

图 7.137

图 7.138

步骤 09 在"颜色"下拉列表中选择"白色"选项，设置参数，效果如图 7.139 所示。

步骤 10 在"颜色"下拉列表中选择"中性色"选项，设置参数，效果如图 7.140 所示。

图 7.139

图 7.140

步骤 11 在"颜色"下拉列表中选择"黑色"选项，设置参数，效果如图 7.141 所示。运用"可选颜色"工具调整红色、黄色、蓝色、白色、中性色和黑色，重点降低画面中过于干巴的绿色，增添暖的电影色调，使画面看起来唯美浪漫。

步骤 12 单击"图层"面板下方的"创建新的填充或调整图层"按钮，在打开的下拉列表中选择"色阶"选项，设置参数，增加暗部的对比，如图 7.142 所示。

步骤 13 单击"图层"面板下方的"创建新的填充或调整图层"按钮，在打开的下拉列表中选择"曲线"选项，设置参数，整体提亮画面，做最后的调整，如图 7.143 所示。

至此，制作完成，最终效果如图 7.144 所示。

图 7.141

图 7.142

图 7.143

图 7.144

7.10　金秋时节

　　本案例拍摄的是躺在树荫下草坪上休憩的两个人，姿势温馨，但色温偏冷，气氛欠缺。通过运用"可选颜色"命令可以调整画面中过于生硬的绿色，让画面看起来柔和清新。运用"照片滤镜"及填充工具为画面增添暖色调，打造出一幅金秋时节的温馨双人照，如图 7.145 所示。

原 图

效果图

图 7.145

步骤 01 按【Ctrl+O】组合键，打开素材文件"7-10.jpg"，将"背景"图层拖曳到"创建新图层"按钮 上，得到"背景 副本"图层，如图 7.146 所示。

步骤 02 单击"图层"面板下方的"创建新的填充或调整图层"按钮 ，在打开的下拉列表中选择"曲线"选项，大幅度提高画面亮度，并对绿、蓝通道进行颜色调整，参数设置如图 7.147 所示。

图 7.146

图 7.147

步骤 03 在"通道"下拉列表中选择"绿"通道,设置参数,效果如图 7.148 所示。

步骤 04 在"通道"下拉列表中选择"蓝"通道,设置参数,效果如图 7.149 所示。

图 7.148

图 7.149

步骤 05 单击"图层"面板下方的"创建新的填充或调整图层"按钮 ,在打开的下拉列表中选择"亮度/对比度"选项,参数设置如图 7.150 所示。

步骤 06 单击"图层"面板下方的"创建新的填充或调整图层"按钮 ,在打开的下拉列表中选择"照片滤镜"选项,为画面增加暖色,参数设置如图 7.151 所示。

图 7.150

图 7.151

步骤 07 选择魔棒工具 ,在工具选项栏中取消选择"连续"复选框,设置合适的"容差"值,在树叶上单击,创建选区。按【Shift+Ctrl+I】组合键,将选区反向,如图 7.152 所示。

步骤 08 单击"图层"面板下方的"创建新的填充或调整图层"按钮 ,在打开的下拉列表中选择"曲线"选项,对暗部选区进行调整,提高暗部亮度,参数设置如图 7.153 所示。

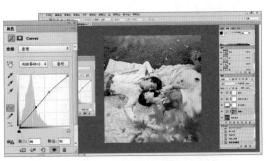

图 7.152　　　　　　　　　　　　　　　　　　图 7.153

步骤 09 单击"图层"面板下方的"创建新的填充或调整图层"按钮 ，在打开的下拉列表中选择"可选颜色"选项，在"颜色"下拉列表中选择"红色"选项，参数设置如图 7.154 所示。

步骤 10 在"颜色"下拉列表中选择"黄色"选项，设置参数，效果如图 7.155 所示。

图 7.154　　　　　　　　　　　　　　　　　　图 7.155

步骤 11 在"颜色"下拉列表中选择"白色"选项，设置参数，效果如图 7.156 所示。

步骤 12 在"颜色"下拉列表中选择"黑色"选项，设置参数，效果如图 7.157 所示。运用"可选颜色"命令分别调整红色、黄色、白色、黑色，让画面看起来更符合秋天的特点，使暖色调更加浓厚。

图 7.156　　　　　　　　　　　　　　　　　　图 7.157

步骤 13 单击"图层"面板下方的"创建新的填充或调整图层"按钮 ，在打开的下拉列表中选择"曲线"选项，参数设置如图 7.158 所示。

步骤 14 将前景色设置为黑色，用画笔工具 在曲线蒙版上涂抹，将不需要调整的部分隐藏，效果如图 7.159 所示。

图 7.158　　　　　　　　　　　　　　图 7.159

步骤 15 单击"图层"面板下方的"创建新的填充或调整图层"按钮 ◢，在打开的下拉列表中选择"可选颜色"选项，在"颜色"下拉列表中选择"黄色"选项，参数设置如图 7.160 所示。

步骤 16 单击"创建新的填充或调整图层"按钮 ◢，在打开的下拉列表中选择"纯色"选项，在弹出的对话框中设置（R、G、B）颜色为（252、230、198），为画面添加一层淡淡的金黄色，如图 7.161 所示。

图 7.160　　　　　　　　　　　　　　图 7.161

步骤 17 设置完毕后单击"确定"按钮，将"颜色填充 1"调整图层的混合模式设置为"柔光"，效果如图 7.162 所示。

步骤 18 将"颜色填充 1"调整图层的"不透明度"设置为 11%，使金秋的效果更加自然，效果如图 7.163 所示。

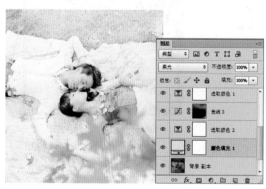

图 7.162　　　　　　　　　　　　　　图 7.163

步骤 19 单击"图层"面板下方的"创建新的填充或调整图层"按钮 ◢，在打开的下拉列表中选择"色阶"选项，参数设置如图 7.164 所示。

　　至此，制作完成，最终效果如图 7.165 所示。

图 7.164

图 7.165

7.11　咖色调打造复古风潮

本案例中的照片本应该是一个浪漫动人的时刻，可是由于客观原因，导致拍摄出来的照片缺少温馨的氛围。通过"可选颜色""色相/饱和度""色阶"等命令的调节，可以使照片重获法国浪漫的色彩，如图 7.166 所示。

图 7.166

步骤 01 按【Ctrl+O】组合键，打开素材文件"7-11.jpg"，将"背景"图层拖曳到"创建新图层"按钮 上，得到"背景 副本"图层，如图 7.167 所示。

步骤 02 单击"图层"面板下方的"创建新的填充或调整图层"按钮 ，在打开的下拉列表中选择"曲线"选项，在"通道"下拉列表中选择"红"通道，参数设置如图 7.168 所示。

图 7.167

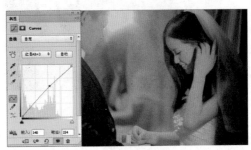

图 7.168

步骤 03 在"通道"下拉列表中选择"绿"通道，设置参数，效果如图 7.169 所示。

步骤 04 在"通道"下拉列表中选择"蓝"通道，设置参数，效果如图 7.170 所示。

图 7.169

图 7.170

步骤 05 单击"图层"面板下方的"创建新的填充或调整图层"按钮，在打开的下拉列表中选择"色阶"选项，在"通道"下拉列表中选择"绿"通道，参数设置如图 7.171 所示。

步骤 06 在"通道"下拉列表中选择"红"通道，设置参数，效果如图 7.172 所示。

图 7.171

图 7.172

步骤 07 单击"图层"面板下方的"创建新的填充或调整图层"按钮，在打开的下拉列表中选择"亮度/对比度"选项，参数设置如图 7.173 所示。

步骤 08 单击"图层"面板下方的"创建新的填充或调整图层"按钮，在打开的下拉列表中选择"照片滤镜"选项，参数设置如图 7.174 所示。

图 7.173

图 7.174

步骤 09 单击"图层"面板下方的"创建新的填充或调整图层"按钮，在打开的下拉列表中选择"色相/饱和度"选项，参数设置如图 7.175 所示。

步骤 10 单击"图层"面板下方的"创建新的填充或调整图层"按钮，在打开的下拉列表中选择"可选颜色"选项，在"颜色"下拉列表中选择"红色"选项，参数设置如图 7.176 所示。

图 7.175

图 7.176

步骤 11 在"颜色"下拉列表中选择"黄色"选项，设置参数，效果如图 7.177 所示。

步骤 12 在"颜色"下拉列表中选择"白色"选项，设置参数，效果如图 7.178 所示。

图 7.177

图 7.178

步骤 13 在"颜色"下拉列表中选择"黑色"选项，设置参数，效果如图 7.179 所示。

步骤 14 在"颜色"下拉列表中选择"中性色"选项，设置参数，效果如图 7.180 所示。

图 7.179

图 7.180

步骤 15 单击"图层"面板下方的"创建新的填充或调整图层"按钮，在打开的下拉列表中选择"照片滤镜"选项，参数设置如图 7.181 所示。

步骤 16 单击"图层"面板下方的"创建新的填充或调整图层"按钮，在打开的下拉列表中选择"色阶"选项，在"通道"下拉列表中选择"红"通道，参数设置如图 7.182 所示。

图 7.181

图 7.182

步骤 17 单击"图层"面板下方的"创建新的填充或调整图层"按钮 ◢ ，在打开的下拉列表中选择"曲线"选项，参数设置如图 7.183 所示。

步骤 18 在"通道"下拉列表中选择"红色"，设置参数，效果如图 7.184 所示。

图 7.183

图 7.184

至此，制作完成，最终效果如图 7.185 所示。

图 7.185

> ⓘ **提示**
>
> 　　在通常情况下，执行"曲线"命令后，在编辑图像时，只需对曲线进行小幅度的调整即可实现目的，曲线的变形幅度越大，越容易破坏图像。

7.12　单色调打造永恒爱恋

　　婚纱照本应是暖暖、温馨的色彩，可是本案例中的照片却为单调的黑白色，可以通过执行"色相/饱和度""照片滤镜""曝光度""色阶"等命令，将照片调整为暖暖的单色调风格，如图 7.186 所示。

步骤 01 按【Ctrl+O】组合键，打开素材文件"7-12.jpg"，将"背景"图层拖曳到"创建新图层"按钮 ▢ 上，得到"背景 副本"图层。单击"图层"面板下方的"创建新的填充或调整图层"按钮 ◢ ，在打开的下拉列表中选择"曝光度"选项，参数设置如图 7.187 所示。

原　图　　　　　　　　　效果图

图 7.186

步骤 02 单击"图层"面板下方的"创建新的填充或调整图层"按钮，在打开的下拉列表中选择"可选颜色"选项，在"颜色"下拉列表中选择"中性色"选项，参数设置如图 7.188 所示。

图 7.187　　　　　　　　　　　　　　　　　图 7.188

步骤 03 在"颜色"下拉列表中选择"白色"选项，设置参数，效果如图 7.189 所示。

步骤 04 在"颜色"下拉列表中选择"黑色"选项，设置参数，效果如图 7.190 所示。

图 7.189　　　　　　　　　　　　　　　　　图 7.190

步骤 05 单击"图层"面板下方的"创建新的填充或调整图层"按钮，在打开的下拉列表中选择"色相/饱和度"选项，参数设置如图 7.191 所示。

步骤 06 单击"图层"面板下方的"创建新的填充或调整图层"按钮 <img_1/>，在打开的下拉列表中选择"色阶"选项，参数设置如图 7.192 所示。

| 图 7.191 | 图 7.192 |

步骤 07 单击"图层"面板下方的"创建新的填充或调整图层"按钮，在打开的下拉列表中选择"自然饱和度"选项，参数设置如图 7.193 所示。

步骤 08 单击"创建新的填充或调整图层"按钮，在打开的下拉列表中分别选择"照片滤镜"和"色阶"选项，并设置参数。

至此，制作完成，最终效果如图 7.194 所示。

| 图 7.193 | 图 7.194 |